わからないをわかるにかえる付録
みるみるわかるカード

中2理科

二酸化炭素
（にさんかたんそ）

石灰水に通すとどうなる？

電気分解
（でんきぶんかい）

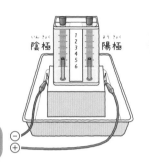

水はこの方法で何に分解できる？

原子
（げんし）

どんな粒子？

単体
（たんたい）

JN096285

どんな物質？

化合物
（かごうぶつ）

どんな物質？

酸化
（さんか）

銅

酸化銅

どんな化学変化？

燃焼
（ねんしょう）

どんな化学変化？

還元
（かんげん）

酸化銅

どんな化学変化？

質量保存の法則
（しつりょうほぞんのほうそく）

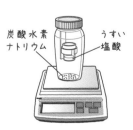

炭酸水素ナトリウム

うすい塩酸

どんな法則？

石灰水が白くにごる。

この気体を何という？

使い方

● ミシン目で切りとり，穴にリングなどを通して使いましょう。

● カードの表面の問題の答えは裏面に，裏面の問題の答えは表面にあります。

物質をつくっている最も小さい粒子

この粒子を何という？

水が水素と酸素に分解される。

何という方法で分解する？

2種類以上の元素からできている物質

このような物質を何という？

1種類の元素からできている物質

このような物質を何という？

熱や光を出す激しい酸化

この化学変化を何という？

物質が酸素と結びつく化学変化

この化学変化を何という？

化学変化の前後で，物質全体の質量が変わらないという法則

この法則を何という？

酸化物から酸素がうばわれる化学変化

この化学変化を何という？

かく
核

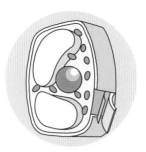

どんなつくり？

たんさいぼう
単細胞
せいぶつ
生物

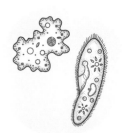

どんな生物？

こうごうせい
光合成

どんなはたらき？

き こう
気孔

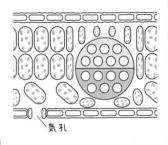

気孔

どんな部分？

じょうさん
蒸散

油

水

どんな現象？

じゅうもう
柔毛

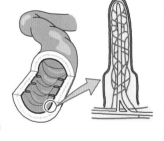

どんなつくり？

はいほう
肺胞

どんなつくり？

せっけっきゅう
赤血球

どんな
はたらき？

けっ
血しょう

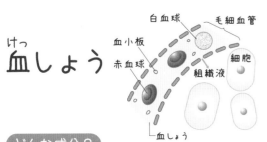

白血球

毛細血管

血小板

赤血球

組織液

細胞

血しょう

どんな成分？

はんしゃ
反射

どんな反応？

体が1つの細胞からできている生物

このような生物を何という？

細胞の中にある，染色液によく染まる丸いつくり

このつくりを何という？

葉の裏側の表皮にたくさんある，気体が出入りする小さなすきま

このすきまを何という？

光を受けた葉緑体で，水と二酸化炭素からデンプンなどの栄養分をつくり出すはたらき

このはたらきを何という？

小腸の壁にあるひだの表面にある突起

このつくりを何という？

根から吸い上げられた水が，気孔から水蒸気として出ていくこと

このことを何という？

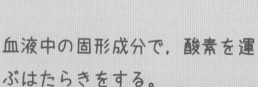

血液中の固形成分で，酸素を運ぶはたらきをする。

この成分を何という？

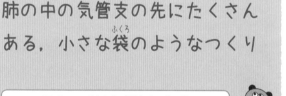

肺の中の気管支の先にたくさんある，小さな袋（ふくろ）のようなつくり

このつくりを何という？

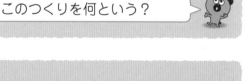

刺激に対して無意識に起こる反応

この反応を何という？

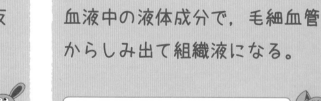

血液中の液体成分で，毛細血管からしみ出て組織液になる。

この成分を何という？

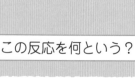

電気抵抗（抵抗）
でんきていこう

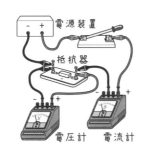
電源装置
抵抗器
電圧計　電流計

どんな値？
どんな単位？

オームの法則

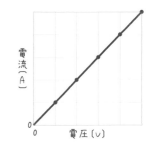
電流〔A〕
電圧〔V〕

どんな法則？
どんな公式？

電力〔W〕
でんりょく　ワット

どのように計算する？

磁界
じかい

どんな空間？

誘導電流
ゆうどうでんりゅう

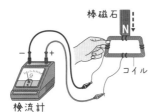
棒磁石
N
コイル
検流計

どんな電流？

交流
こうりゅう

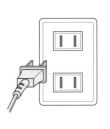

どんな電流？

周波数
しゅうはすう

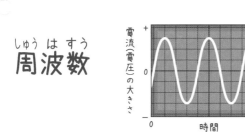
電流（電圧）の大きさ
+
0
時間

どんな値？

静電気
せいでんき

バチ

どんな電気？

電子線（陰極線）
でんしせん　いんきょくせん

どんな線？

電子
でんし

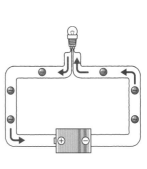

どんな電気を
帯びた粒子？

抵抗器や電熱線に流れる電流は
電圧に比例するという法則
電圧〔V〕＝抵抗〔Ω〕×電流〔A〕

| この法則を何という？ |

電流の流れにくさ
単位はオーム（Ω）

| この値を何という？ |

磁力がはたらく空間

| このような空間を何という？ |

P〔W〕＝電圧〔V〕×電流〔A〕

| この値Pを何という？ |

電流の向きが周期的に変わる電
流

| この電流を何という？ |

コイルの中の磁界が変化したと
き，コイルに流れる電流

| この電流を何という？ |

2種類の物体の摩擦により生じ
る電気

| この電気を何という？ |

交流の電流などが，1秒間にく
り返す波の数

| この値を何という？ |

電流が流れるとき，－極から＋
極へ移動する－の電気を帯びた
粒子

| この粒子を何という？ |

放電管内を－極から＋極へ電子
が移動することによってできる
電子の流れ

| この光のすじを何という？ |

圧力〔Pa〕
あつりょく パスカル

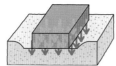

どのように計算する？

等圧線
とうあつせん

どんな線？

何 hPa ごとに引く？

低気圧
ていきあつ

どんなところ？

飽和水蒸気量
ほうわすい じょうきりょう

空気 1m³

どんな量？

露点
ろてん

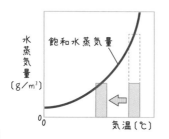

どんな温度？

寒冷前線
かんれいぜんせん

どのように進む前線？

温暖前線
おんだんぜんせん

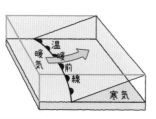

どのように進む前線？

停滞前線
ていたいぜんせん

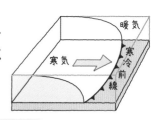

どんな前線？

偏西風
へんせいふう

どんな風？

シベリア気団

シベリア気団

どんな気団？

天気図で気圧の等しいところを
結んだ線
4hPaごとに引く。

このような線を何という？

$$\frac{面を押す力の大きさ〔N〕}{力がはたらく面積〔m^2〕}$$

この式で計算できる値を何という？

空気1m³がふくむことのできる
水蒸気の最大限度の量

この量を何という？

まわりより気圧が低いところ

このようなところを何という？

寒気が暖気を押し上げながら進
む前線

この前線を何という？

空気中の水蒸気が冷やされて，
水滴ができ始めるときの温度

この温度を何という？

寒気と暖気の勢力が同じくらい
で，ほぼ動かない前線

この前線を何という？

暖気が寒気の上にはい上がるよ
うにして進む前線

この前線を何という？

（ユーラシア）大陸上で発達する
冷たくて乾燥している気団

この気団を何という？

日本上空など中緯度地帯で1年
中ふいている，西よりの風

この風を何という？

わからないを
わかるにかえる

中2理科

文 理

もくじ contents

1 化学変化と原子・分子

① ホットケーキはなぜふくらむ …… 6
　分解

② 水は分解できるか ……………… 8
　水の電気分解

③ いちばん小さな粒 ……………… 10
　原子

④ 原子が結びつくと ……………… 12
　分子

⑤ 化学変化を式にしよう！……… 14
　化学反応式

⑥ 物質を結びつける！………… 16
　物質が結びつく変化

⑦ 酸素と結びつく化学変化 ……… 18
　酸化と燃焼

⑧ 酸素とサヨウナラ ……………… 20
　還元

⑨ 熱を出したり，うばったり …… 22
　化学変化と熱

⑩ 質量は不滅です！……………… 24
　質量保存の法則

⑪ 結びつく質量は決まってる …… 26
　結びつく物質の割合

　まとめのテスト ………… 28

特集 物質を見分けよう！………… 30

2 生物の体のつくりとはたらき

⑫ 細胞はどんなつくり ………… 32
　細胞のつくり

⑬ 光をあびる葉 ………………… 34
　光合成

実験 光合成 ………………………… 36

⑭ 植物の呼吸 …………………… 38
　植物の呼吸

観察 根と茎のつくり ……………… 40

⑮ 葉のようす …………………… 42
　葉のつくり

⑯ 水を外に出すしくみ ………… 44
　蒸散

⑰ 食物の通り道 ………………… 46
　消化

実験 だ液のはたらき …………… 48

⑱ 消化されたものはどこへ行く？… 50
　吸収

⑲ 呼吸のしくみ ………………… 52
　呼吸

⑳ 血液を送り出せ！…………… 54
　心臓と血液

㉑ 血液の行き先とはたらき …… 56
　血液の循環

㉒ 不要な物質を体の外へ ……… 58
　排出

㉓ 刺激を受けとる器官 ………… 60
　感覚器官

㉔ 刺激に対する反応 …………… 62
　刺激と反応

㉕ うでやあしはなぜ曲がる …… 64
　体が動くしくみ

　まとめのテスト ………… 66

特集 生物の体のつくりを知ろう！… 68

3 電流とその利用

26 回路をかんたんに表そう！ ···· 70
　回路図

実習 電流と電圧の大きさ ··········· 72

27 回路に流れる電流 ·············· 74
　回路と電流

28 回路に加わる電圧 ·············· 76
　回路と電圧

実験 電流と電圧の関係 ············· 78

29 抵抗を直列につなぐと ········· 80
　直列回路の抵抗

30 抵抗を並列につなぐと ········· 82
　並列回路の抵抗

31 電気のはたらきの表し方 ······· 84
　電力

32 電流が出す熱の量 ············· 86
　電流と発熱

33 電磁石！Ｎ極はどう決まる ···· 88
　電流と磁界

実験 電流が磁界の中で受ける力 ··· 90

34 コイルの中で磁石を動かすと ··· 92
　電磁誘導

35 ＋とーが入れかわる電流があるの？ ···· 94
　直流と交流

36 静電気の正体 ················· 96
　静電気

37 電子の流れ ··················· 98
　電子線

まとめのテスト ·········· 100

特集 放射線を知ろう！ ············· 102

4 天気とその変化

38 気象の調べ方・表し方 ········· 104
　気象観測

39 天気と気温・湿度の変化 ······ 106
　気温と湿度

40 押されたときの力 ············· 108
　圧力

41 空気による力 ················· 110
　大気圧

42 高気圧と低気圧！風はどこへふく ··· 112
　気圧と風

43 空気がふくむことのできる水蒸気量 ··· 114
　飽和水蒸気量

44 どれだけの水蒸気をふくんでる？ ··· 116
　湿度

45 あの雲はどうやってできたの？ ··· 118
　雲のでき方

46 とても大きな空気のかたまり ··· 120
　気団と前線

47 前線と天気の変化 ·············· 122
　寒冷前線や温暖前線と天気

48 地球上での大気の動き ········· 124
　大気の動き

49 四季の天気の特徴 ·············· 126
　日本の四季の天気

50 たくさんの雨はなぜ降るの？ ··· 128
　つゆ・台風

まとめのテスト ········· 130

特集 雲をつくってみよう！ ········· 132

解答と解説 ················· 別冊

写真提供：アフロ，気象庁
イラスト：artbox，青山ゆういち
　　　　　柏原昇店，ユニックス

この本の特色と使い方

1単元は，2ページ構成です。

左ページの解説を読んで，右ページの問題にチャレンジしよう！

この単元の
重要用語

この単元で理解
しておきたい
**ポイントの
解説**

まずはここを
覚えよう！

ポイントを
ていねいに
解説！

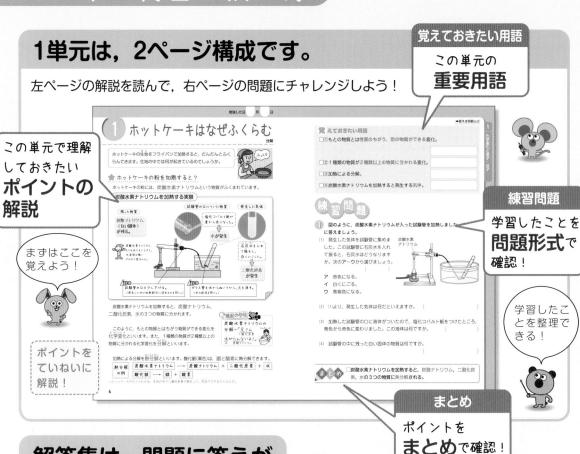

練習問題

学習したことを
問題形式で
確認！

学習したこ
とを整理で
きる！

まとめ

ポイントを
まとめで確認！

解答集は，問題に答えが入っています。

問題を解いたら，答え合わせをしよう！

解答集はとり
はずして使え
るよ！

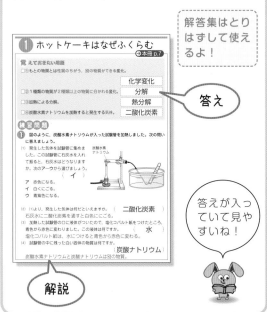

答え

解説

答えが入っ
ていて見や
すいね！

- ●章ごとに，**まとめのテスト**があります。

  テスト形式になっているよ。学習したことが定着したかチェックしよう！

- ●章の最後には，**特集**のページがあります。

  知っておくと理解が深まることがのっているよ。ぜひ読もう！

付録カードで，みるみるわかる！

ちょっとした時間
にも確認できる！

化学変化と原子・分子

この章では，
「原子・分子」「分解」
「酸化・還元」「化学変化と質量」
などについて学習します。

ホットケーキはなぜふくらむ

分解

ホットケーキの生地（きじ）をフライパンで加熱すると，だんだんとふくらんできます。生地の中では何が起きているのでしょうか。

ふっくら

⭐ ホットケーキの粉を加熱すると？

ホットケーキの粉には，炭酸水素ナトリウムという物質がふくまれています。

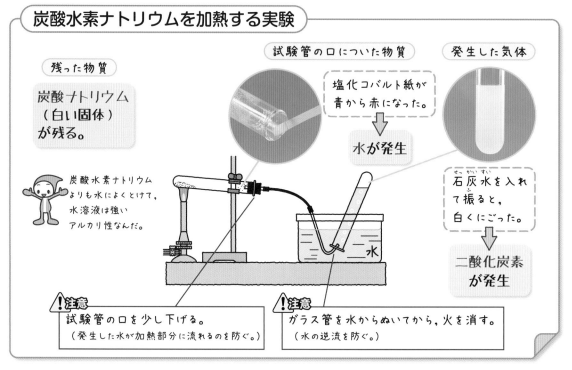

炭酸水素ナトリウムを加熱する実験

残った物質
炭酸ナトリウム
（白い固体）
が残る。

炭酸水素ナトリウムよりも水によくとけて，水溶液は強いアルカリ性なんだ。

試験管の口についた物質
塩化コバルト紙が青から赤になった。
➡ 水が発生

発生した気体
石灰水を入れて振ると，白くにごった。
➡ 二酸化炭素が発生

水

⚠注意
試験管の口を少し下げる。
（発生した水が加熱部分に流れるのを防ぐ。）

⚠注意
ガラス管を水からぬいてから，火を消す。
（水の逆流を防ぐ。）

炭酸水素ナトリウムを加熱すると，炭酸ナトリウム，二酸化炭素，水の３つの物質に分かれます。

このように，もとの物質とはちがう物質ができる変化を**化学変化**（かがくへんか）といいます。また，１種類の物質が２種類以上の物質に分かれる化学変化を**分解**（ぶんかい）といいます。

暗記のキモ
炭酸水素ナトリウムの分解…「兄さん
　　　　　　　　二酸化炭素
水がたんないよ！」
水　　炭酸ナトリウム
たんないよ！

加熱による分解を**熱分解**（ねつぶんかい）といいます。酸化銀(黒色)は，銀と酸素に熱分解できます。

熱分解の例	炭酸水素ナトリウム ⟶ 炭酸ナトリウム ＋ 二酸化炭素 ＋ 水
	酸化銀 ⟶ 銀 ＋ 酸素

→ホットケーキがふくらむのは，生地の中で二酸化炭素が発生して，気泡（きほう）ができるからなんだ。

覚 えておきたい用語

□①もとの物質とは性質のちがう，別の物質ができる変化。

□②１種類の物質が２種類以上の物質に分かれる変化。

□③加熱による分解。

□④炭酸水素ナトリウムを加熱すると発生する気体。

1 図のように，炭酸水素ナトリウムが入った試験管を加熱しました。次の問い
　に答えましょう。

(1) 発生した気体を試験管に集めま
　した。この試験管に石灰水を入れ
　て振ると，石灰水はどうなります
　か。次のア～ウから選びましょう。
　　　　　　　　　（　　　　）

炭酸水素
ナトリウム

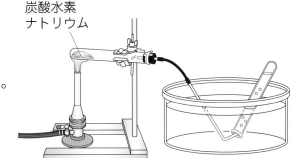

　ア　赤色になる。
　イ　白くにごる。
　ウ　青紫色になる。

(2) (1)より，発生した気体は何だといえますか。　（　　　　　　　）

(3) 加熱した試験管の口に液体がついたので，塩化コバルト紙をつけたところ，
　青色から赤色に変わりました。この液体は何ですか。　（　　　　　　）

(4) 試験管の中に残った白い固体の物質は何ですか。
　　　　　　　　　　　　　　　　　　　　　　（　　　　　　　）

まとめ □炭酸水素ナトリウムを加熱すると，炭酸ナトリウム，二酸化炭
　　　　　素，水の３つの物質に熱分解される。

2 水は分解できるか

水の電気分解

水を加熱しても，液体の水から気体の水蒸気に状態変化するだけで分解されません。水を分解することはできるのでしょうか。

⭐ 水に電流を流すとどうなるの？

水は加熱しても分解できませんが，電流を流すと分解することができます。

水に電流を流す実験

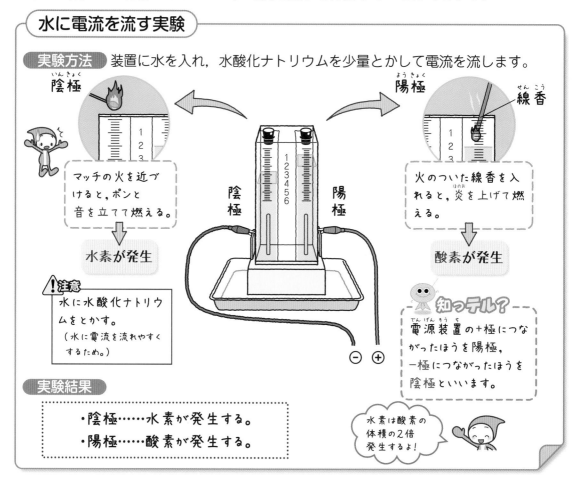

実験方法 装置に水を入れ，水酸化ナトリウムを少量とかして電流を流します。

陰極 （いんきょく）

陽極 （ようきょく）　　線香 （せんこう）

マッチの火を近づけると，ポンと音を立てて燃える。

↓

水素が発生

！注意
水に水酸化ナトリウムをとかす。
（水に電流を流れやすくするため。）

火のついた線香を入れると，炎を上げて燃える。

↓

酸素が発生

知ッテル？
電源装置の＋極につながったほうを陽極，一極につながったほうを陰極といいます。

実験結果

・陰極……水素が発生する。
・陽極……酸素が発生する。

水素は酸素の体積の2倍発生するよ！

水に電流を流すと，陰極からは水素が，陽極からは酸素が発生します。

水 ⟶ 水素 ＋ 酸素

このように，電流を流して物質を分解することを電気分解（でんきぶんかい）といいます。

暗記のキモ

水でぬれた イス は，ヨ サ ないか

陰極は水素　　陽極は酸素

→状態変化は，水が水のまま固体，液体，気体と変化するけど，分解は水が別の物質である水素と酸素になるんだよ。

覚 えておきたい用語

□①電流を流して物質を分解すること。

□②水を電気分解するときに水にとかす物質。

□③水の電気分解で，陰極に発生する気体。

□④水の電気分解で，陽極に発生する気体。

1 図のような装置を用いて，水を電気分解します。次の問いに答えましょう。

(1) 水を電気分解するときに，水に水酸化ナトリウムを少量とかしますが，これはなぜですか。次の文の（　）にあてはまる言葉を書きましょう。

水に水酸化ナトリウムをとかすのは，水に（　　　　　　　）を流れやすくするためである。

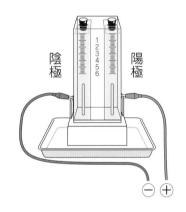

陰極　陽極

(2) 陰極に発生した気体にマッチの火を近づけると，ポンと音を立てて燃えました。この気体は何ですか。　（　　　　　　　）

(3) 陽極に発生した気体に火のついた線香を入れると，どうなりますか。次の**ア，イ**から選びましょう。　（　　　　　　　）
ア 線香が，炎を上げて燃える。　　**イ** 線香の火が消える。

(4) 陽極に発生した気体は何ですか。　（　　　　　　　）

□水を電気分解すると，陰極に水素が発生し，陽極に酸素が発生する。

③ いちばん小さな粒

原子

物質を分解するなどしてどんどん小さくしていくと，最後にはどんなものになるでしょうか。

⚡ 最後まで分解するとどうなるの？

物質をつくっている最も小さい粒子のことを原子といい，原子の種類を元素といいます。現在，118種類の元素が知られています。

■原子の性質

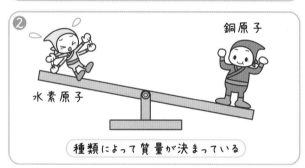

→今まで習ってきた水や二酸化炭素，炭酸水素ナトリウムなどもいろいろな原子が組み合わさっているんだ。

⚡ 元素を記号で表すと？

元素は，アルファベットを用いた元素記号で表すことができます。

	水素	アルミニウム
	H	**Al**

（読み方）エイチ
アルファベット1文字で表す場合は，大文字を使う。

（読み方）エイ・エル
アルファベット2文字で表す場合は，大文字と小文字を使う。

元素記号

元素	元素記号
炭　素	C
酸　素	O
窒　素	N
硫　黄	S
塩　素	Cl
ナトリウム	Na
マグネシウム	Mg
鉄	Fe
銅	Cu
銀	Ag

→元素を，共通する性質や規則性をもとに整理して並べた表を周期表というよ。

➡答えは別冊 p.2

覚えておきたい元素記号　①〜⑫の元素を元素記号で表しましょう。

□①水素　[　　]　　□⑤硫黄　[　　]　　□⑨アルミニウム　[　　]

□②炭素　[　　]　　□⑥塩素　[　　]　　□⑩鉄　[　　]

□③窒素　[　　]　　□⑦ナトリウム　[　　]　　□⑪銅　[　　]

□④酸素　[　　]　　□⑧マグネシウム　[　　]　　□⑫銀　[　　]

練習問題

1 原子について，次の問いに答えましょう。

(1) 原子は，それ以上分けることができますか。　（　　　　　）

(2) 原子は，なくなることがありますか。　（　　　　　）

(3) 水素原子が，酸素原子に変わることはありますか。

（　　　　　）

(4) 窒素原子と銀原子の質量は同じですか，ちがいますか。

（　　　　　）

(5) 原子の種類のことを何といいますか。　（　　　　　）

(6) 現在，(5)は約何種類知られていますか。次の**ア〜ウ**から選びましょう。

（　　　　　）

ア 約60種類

イ 約120種類

ウ 約1200種類

まとめ　□物質をつくっている最小の粒子を原子という。
□元素はアルファベットを用いた元素記号で表すことができる。

4 原子が結びつくと

分子

今までの学習で出てきた水素や酸素，水や二酸化炭素などの物質は，原子がどのように結びついていたのでしょうか。

⭐ 原子がどうなって物質ができているの？

いくつかの原子が結びついてできた粒子を**分子**といいます。分子は，物質の性質を示す最小の粒子で，元素記号を用いた**化学式**で表せます。

化学式
$$O_2$$
オー・ツー・2つ
└ 酸素原子

酸素原子が2つ結びついて酸素分子

酸素原子1つと水素原子2つが結びついて水分子

化学式
$$H_2O$$
エイチ・ツー・オー・2つ・1は省略
水素原子 └─ 酸素原子

銅や銀などの金属や塩化ナトリウムのように，分子をつくらずに，たくさんの原子が集まってできている物質もあります。

■分子をつくらない物質の例
銅…Cu 銀…Ag マグネシウム…Mg
塩化ナトリウム…NaCl 酸化銅…CuO

水素分子や酸素分子，銅や銀のように，1種類の元素からできている物質を**単体**といいます。

■単体の例
水素…H_2 酸素…O_2 鉄…Fe 炭素…C

水分子や二酸化炭素分子，塩化ナトリウムや硫化鉄のように，2種類以上の元素からできている物質を**化合物**といいます。

■化合物の例
水…H_2O 二酸化炭素…CO_2 硫化鉄…FeS

→化合物の化学式には2つ以上の元素記号がふくまれているね。

分子をつくらない

分子にはならない！

化学式は代表してCu

ボクたちは固く結びついている！

単体

ぼくたち同じ元素だよ

H_2O

化合物

2種類以上が結びつく

覚 えておきたい化学式　①〜⑫の物質を化学式で表しましょう。

□①水素 ☐ 　　□⑤二酸化炭素 ☐ 　　□⑨銀 ☐

□②酸素 ☐ 　　□⑥水 ☐ 　　□⑩マグネシウム ☐

□③鉄 ☐ 　　□⑦硫化鉄 ☐ 　　□⑪塩化ナトリウム ☐

□④炭素 ☐ 　　□⑧銅 ☐ 　　□⑫酸化銅 ☐

練 習 問 題

1　次の問いに答えましょう。

(1) いくつかの原子が結びついた，物質の性質を示す最小の粒子を何といいますか。　　　　　　　　　（　　　　　　）

(2) 1種類の元素からできている物質を何といいますか。
　　　　　　　　　　　　　　　　　　　　　　　（　　　　　　）

(3) 2種類以上の元素からできている物質を何といいますか。
　　　　　　　　　　　　　　　　　　　　　　　（　　　　　　）

(4) 二酸化炭素（CO_2）の分子は炭素原子と酸素原子がいくつずつ結びついていますか。　　　　　　　　　　　　　炭素原子（　　　　　　）
　　　　　　　　　　　　　　　　　　酸素原子（　　　　　　）

(5) 次の**ア〜エ**のうち，分子をつくらない物質はどれですか。すべて答えましょう。　　　　　　　　　　　　　　　（　　　　　　）
　ア 銅　　　　**イ** 水素
　ウ 水　　　　**エ** 塩化ナトリウム

まとめ　□**物質**には，**分子をつくるもの**と**分子をつくらないもの**がある。
　　　　□**物質**には，**単体**と**化合物**がある。

⑤ 化学変化を式にしよう！

化学反応式

> 化学変化をわかりやすく表す方法はあるのでしょうか。

⭐ 化学変化を表す式って何？

　化学変化を化学式を使って表したものを，**化学反応式**（かがくはんのうしき）といいます。

水が水素と酸素に分解される化学反応式は，次のようにつくります。

①まず，化学変化のようすを物質名で表してみます。

$$水 \longrightarrow 水素 + 酸素$$

②それぞれの物質（分子）を化学式で表します。
　　$\longrightarrow$ の左と右で酸素原子（O）の数を比べます。

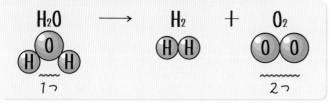

> この式のOの
> 数を比べるよ。
> 左は1つ
> 右は2つだね。

③酸素原子は，左が1で右が2なので左に水分子を1つ加えます。
　　今度は，$\longrightarrow$ の左と右で水素原子（H）の数を比べます。

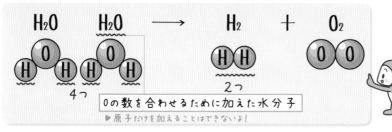

Oの数を合わせるために加えた水分子
▶原子だけを加えることはできないよ！

> 次は，この式のH
> の数を比べるよ！
> 左は4つ
> 右は2つだね

④水素原子は，左が4で右が2なので右に水素分子を1つ加えます。

Hの数を合わせるために加えた水素分子

⑤これで，$\longrightarrow$ の左右で原子の種類と数がそろいました。
　　化学反応式にしてみます。

$$2H_2O \longrightarrow 2H_2 + O_2$$

完成

1　炭素（C）と酸素（O_2）が結びついて，二酸化炭素（CO_2）ができる化学変化を化学反応式で表しましょう。

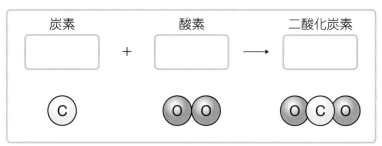

→の左と右で原子の種類と数は同じだから，…

2　酸化銀（Ag_2O）が分解されて，銀（Ag）と酸素（O_2）になるときの化学反応式を次のように考えました。□にあてはまる数字を入れて化学反応式を完成させましょう。

酸化銀　　　　　　　　銀　　　　　　酸素

① Ag_2O ⟶ ② Ag ＋ O_2

まず，⟶の左と右の**O**の数をそろえるために，①には ☐ を入れます。

すると，左の**Ag**の数は ☐ になるので，これと右の**Ag**の数をそろえるために，②に ☐ を入れます。これで，⟶の左と右で**Ag**と**O**の数が等しくなり，

式は完成です。

☐ Ag_2O ⟶ ☐ Ag ＋ O_2

□化学反応式をつくるとき，化学反応式の左と右で，原子の種類と数が同じになるように注意する。

⑥ 物質を結びつける！

物質が結びつく変化

加熱したり電流を流したりして，物質を分解することができました。では，物質どうしを結びつけることはできるのでしょうか。

⭐ 鉄と硫黄の混合物を加熱すると？

鉄と硫黄の混合物を加熱すると，2つの物質を結びつけることができます。

鉄と硫黄の混合物を加熱する実験

実験方法

鉄と硫黄の混合物をつくり，試験管に入れて加熱します。
加熱後にできた物質は，鉄や硫黄と同じ物質か調べます。

❶ 鉄と硫黄の混合物をつくる。

硫黄の粉末 4.0g
鉄粉 7.0g

AとBに分ける。

A　B

❷ Aの混合物を加熱する。

試験管A　脱脂綿

上のほうを加熱。

赤くなってきたぞ

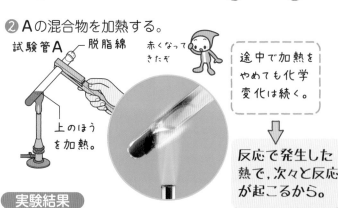

途中で加熱をやめても化学変化は続く。

⬇

反応で発生した熱で，次々と反応が起こるから。

❸ 加熱前後の物質を比べる。

● 磁石に近づける。

加熱後のA…磁石につかない。
加熱しないB…磁石につく。

● 塩酸を加えて，発生する気体のにおいを調べる。

加熱後のA…においのある気体（硫化水素）が発生。
加熱しないB…無臭の気体（水素）が発生。

加熱前の物質と加熱後の物質は別の物質!!

実験結果

鉄と硫黄の混合物を加熱すると，**硫化鉄**という物質ができる。

▶化学反応式は Fe ＋ S ⟶ FeS

　この実験のように，2種類以上の物質が結びついて性質のちがう新しい物質ができる化学変化もあります。

→硫化鉄という名前には，化合した硫黄と鉄の字の一部が入っているね。

覚 えておきたい用語

□①鉄と硫黄が結びついてできる物質。

1 鉄と硫黄の混合物を加熱しました。次の問いに答えましょう。

(1) この実験で，加熱するのを途中でやめるとどうなりますか。次のア，イから選びましょう。

（　　　　）

　ア　化学変化が終わる。
　イ　化学変化が続く。

(2) 加熱前の物質は，磁石につきました。加熱後の物質は磁石につきますか。

（　　　　　　　）

(3) うすい塩酸を加えたとき，においのある気体が発生するのは，加熱前の物質と加熱後の物質のどちらですか。　　（　　　　　　　）

(4) 加熱後の物質は，加熱前の物質と同じですか，ちがいますか。

（　　　　　　　）

(5) 加熱後にできた物質を何といいますか。　　（　　　　　　　）

　　□鉄と硫黄の混合物を加熱すると，鉄と硫黄が結びつく化学変化が起こり，硫化鉄という物質ができる。

7 酸素と結びつく化学変化
酸化と燃焼

空気中でものを燃やすと，燃やす前とはちがう物質になってしまうのでしょうか。

1 燃やすとどうなっちゃうの？

スチールウール（鉄）を燃やして，燃やす前後の物質の性質のちがいを調べます。

	燃やす前	燃やした後
手ざわり	弾力がある	もろくてボロボロになる
磁石につくか	磁石につく	磁石につかない
うすい塩酸に入れる	気体が発生する	変化しない

　スチールウールは，燃やすと，酸素と結びついて酸化鉄という物質になります。
　このように物質が酸素と結びつく化学変化を酸化といい，酸化によってできた物質を酸化物といいます。

→鉄の表面につくサビは，鉄がゆっくり酸化されたものだよ。

2 燃焼って何？

　マグネシウムを燃やすと，熱や光を出しながら激しく酸化します。このような激しい酸化を燃焼といいます。

　有機物には炭素と水素がふくまれています。有機物の燃焼では，有機物にふくまれる炭素が酸化されて二酸化炭素ができ，水素が酸化されて水ができます。

→砂糖や小麦粉，プラスチックなどが有機物だよ。

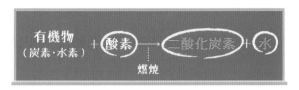

➡答えは別冊 p.3

覚 えておきたい用語

□①物質が酸素と結びつく化学変化。

□②酸化によってできた物質。

□③熱や光を出す激しい酸化。

スチールウール（鉄）を燃やし，燃やした後の物質が磁石につくか，うすい塩酸に入れるとどうなるか調べました。あとの問いに答えましょう。

磁石

うすい
塩酸

(1) スチールウールを燃やした後の物質の性質として正しいものを，次の**ア〜エ**から2つ選びましょう。　　　　　　　　　　　　　　（　　　　　　）

ア 磁石につく。

イ 磁石につかない。

ウ うすい塩酸に入れると，気体が発生する。

エ うすい塩酸に入れても，気体は発生しない。

(2) スチールウールを燃やした後の物質は，鉄とまったく同じ性質をもっていますか。　　　　　　　　　　　　　　（　　　　　　）

(3) スチールウールを燃やしてできた物質を何といいますか。（　　　　　　）

□物質が酸素と結びつくことを酸化といい，酸化によってできた物質を酸化物という。

19

⑧ 酸素とサヨウナラ

還元

酸化物から酸素をとり除くには，どうしたらよいのでしょうか。

もう1度 銅になりたい CuO

⭐ 酸化物から酸素をとり除くには？

酸化銅と炭素の粉末を混ぜて加熱すると，酸化銅から酸素をとり除けます。

酸化銅と炭素の粉末を混ぜて加熱する実験

実験方法

酸化銅と炭素の粉末をよく混ぜ合わせたものを，試験管に入れて加熱します。

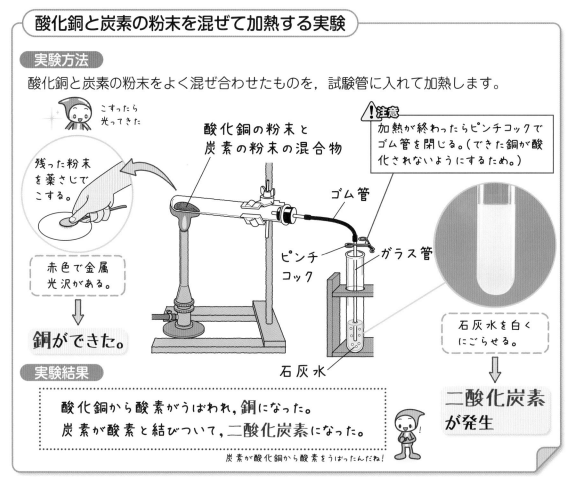

こすったら光ってきた

残った粉末を薬さじでこする。

赤色で金属光沢がある。
⬇
銅ができた。

酸化銅の粉末と炭素の粉末の混合物

！注意
加熱が終わったらピンチコックでゴム管を閉じる。（できた銅が酸化されないようにするため。）

ゴム管

ピンチコック

ガラス管

石灰水

石灰水を白くにごらせる。
⬇
二酸化炭素が発生

実験結果

酸化銅から酸素がうばわれ，銅になった。
炭素が酸素と結びついて，二酸化炭素になった。

炭素が酸化銅から酸素をうばったんだね！

酸化物から酸素がうばわれる化学変化を還元（かんげん）といいます。

酸化銅の還元と炭素の酸化のように，還元が起こるとき，同時に酸化も起こります。

→高温の状態では，炭素は酸素と結びつきやすいんだよ。

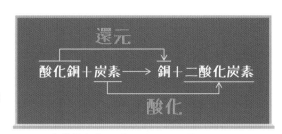

還元
酸化銅＋炭素 ⟶ 銅＋二酸化炭素
酸化

▶化学反応式は，$2CuO + C \longrightarrow 2Cu + CO_2$

➡答えは別冊 p.3

覚 えておきたい用語

□①酸化銅と炭素の混合物を加熱すると発生する気体。

□②酸化銅と炭素の混合物を加熱するとできる固体。

□③酸化物から酸素がうばわれる化学変化。

□④物質が還元されるとき，同時に起こる化学変化。

練習問題

1 図のように，酸化銅と炭素の粉末の混合物を試験管に入れて加熱しました。次の問いに答えましょう。

(1) 混合物を加熱すると，石灰水はどうなりますか。

( )

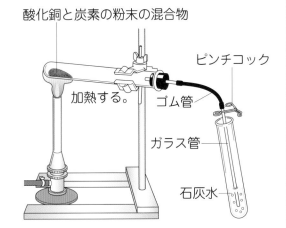

酸化銅と炭素の粉末の混合物

ピンチコック

加熱する。 ゴム管

ガラス管

石灰水

(2) (1)より，この実験で発生した気体は何だといえますか。

( )

(3) 加熱した後の試験管には赤色の物質が残りました。この物質を薬さじでこすると，金属光沢が現れました。この物質は何ですか。 ( )

(4) この実験で還元された物質，酸化された物質はそれぞれ炭素，酸化銅のどちらですか。

還元された物質( )
酸化された物質( )

□酸化物から酸素がうばわれる化学変化を還元という。還元と酸化は，1つの化学変化の中で同時に起こる。

9 熱を出したり，うばったり

化学変化と熱

寒いときに使うかいろは，化学変化のどのような特徴を利用したものなのでしょうか。

1 温度が上がる反応があるの？

鉄粉に活性炭や食塩水を加えてよくかき混ぜると，まわりの温度が上がります。

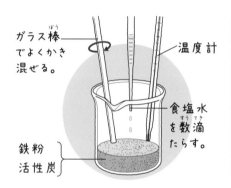

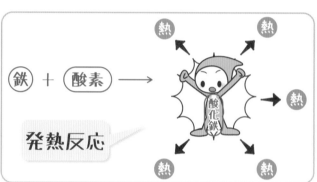

　これは，鉄が空気中の酸素と結びつくときに熱を発生するからです。このように，熱を発生する化学変化を発熱反応といいます。

→鉄と硫黄が結びつく化学変化も熱を発生する反応だったね。

> かいろには，鉄粉が入っていて，その鉄粉が酸化するときの熱を利用しています。

2 温度が下がる反応もあるの？

塩化アンモニウムと水酸化バリウムを混ぜると，まわりの温度が下がります。

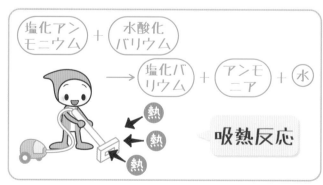

　これは，化学変化が起こるときに熱を吸収するからです。このように，まわりから熱を吸収する化学変化を吸熱反応といいます。

22

□①化学変化のときに，熱を発生する化学変化。

□②化学変化のときに，まわりから熱を吸収する化学変化。

練習問題

1 図のように，化学変化による温度変化を調べる実験Ａ，Ｂを行いました。あとの問いに答えましょう。

実験Ａ

ガラス棒でよくかき混ぜる。
温度計
食塩水を数滴たらす。
鉄粉6g
活性炭3g

実験Ｂ

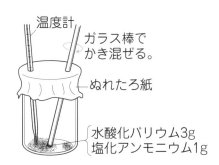

温度計
ガラス棒でかき混ぜる。
ぬれたろ紙
水酸化バリウム3g
塩化アンモニウム1g

(1) 実験Ａのように鉄粉と活性炭に食塩水を数滴たらしてよくかき混ぜると，反応前と比べて温度は上がりますか，下がりますか。　（　　　　　　）

(2) (1)の反応は，次のア，イのどちらの反応ですか。　　　　（　　　　　　）
　ア　発熱反応　　　イ　吸熱反応

(3) 実験Ｂのように水酸化バリウムと塩化アンモニウムを混ぜ合わせると，反応前と比べて温度は上がりますか，下がりますか。　（　　　　　　）

(4) (3)の反応は，次のア，イのどちらの反応ですか。　　　　（　　　　　　）
　ア　発熱反応　　　イ　吸熱反応

□化学変化のうち，熱を発生するものを発熱反応といい，まわりから熱を吸収するものを吸熱反応という。

⑩ 質量は不滅です！

水に食塩をとかしても，全体の質量が変わらないことを小学校で習いました。では，化学変化の前後で質量は変わるのでしょうか。

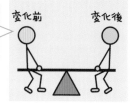

❶ 気体が発生すると質量は変わるの？

密閉した容器の中で炭酸水素ナトリウムとうすい塩酸を混ぜると，塩化ナトリウムと二酸化炭素，水が発生します。このとき，反応の前後で全体の質量は**変わりません**。

うすい塩酸　プラスチックの容器　炭酸水素ナトリウム

混ぜると　ムム

電子てんびん　70.0 g

ふたをしておくと気体が発生しても逃げないよ。

塩化ナトリウム，水，二酸化炭素が発生

ふたをしたまま！　70.0 g

質量は変わらない！

プラスワン

ふたを開けると，二酸化炭素が出ていくので，質量は減るよ。

❷ 気体が発生しないと質量は変わるの？

硫酸に塩化バリウム水溶液を混ぜると，塩酸と硫酸バリウムが発生し，硫酸バリウムは沈殿します。このとき，反応の前後で全体の質量は**変わりません**。

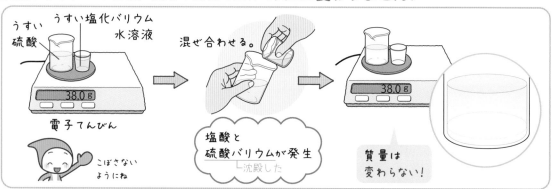

うすい硫酸　うすい塩化バリウム水溶液

混ぜ合わせる。

38.0 g

電子てんびん　こぼさないようにね

塩酸と硫酸バリウムが発生
└沈殿した

38.0 g

質量は変わらない！

化学変化の前後で物質全体の質量が変わらないことを**質量保存の法則**といいます。

化学変化では，原子の組み合わせが変わるだけで，原子の種類や数は変化しないので全体の質量が変化しないのです。

ふりカエル

水が水蒸気や氷に変わる状態変化でも質量は変化せず体積だけが変わったね。これも質量保存の法則の1つだよ。

覚 えておきたい用語

□①化学変化の前後で，反応にかかわる**物質全体の質量が変わらない**という法則。

1 図のように，炭酸水素ナトリウムとうすい塩酸を混ぜ合わせて反応させ，反応前後の質量を比べます。あとの問いに答えましょう。

反応前　プラスチックの容器
うすい塩酸　炭酸水素ナトリウム
電子てんびん
混ぜ合わせる。
反応後

(1) この実験で発生した気体は何ですか。　（　　　　　　　　）

(2) 図のように反応後の容器のふたを開けずに質量をはかると，反応前と比べてどうなりますか。次の**ア〜ウ**から選びましょう。　（　　　　　　　　）

　　ア ふえる。　　　**イ** 減る。　　　**ウ** 変わらない。

(3) 化学変化の前後で質量が(2)のようになるという法則を何といいますか。

　　　　　　　　　　　　　　　　（　　　　　　　　　　　　）

(4) 化学変化のとき，原子の数と原子の組み合わせはそれぞれ変化しますか。

　　　　　　　　　　　原子の数（　　　　　　　　）
　　　　　　　　　原子の組み合わせ（　　　　　　　　）

　□化学変化の前後では，物質全体の質量は変わらない。これを，質量保存の法則という。

11 結びつく質量は決まってる

結びつく物質の割合

銅を加熱して酸化させると質量がふえます。加熱し続けると質量はどんどんふえるのでしょうか。

どんどん
ふえちゃう？
モコ
モコ

1 銅を空気中でくり返し加熱すると？

銅を空気中で加熱すると，銅が空気中の酸素と結びついて酸化銅ができます。

$$2Cu + O_2 \longrightarrow 2CuO$$

1.0gの銅をくり返し加熱する実験

実験方法 図のように銅の粉末をくり返し加熱します。

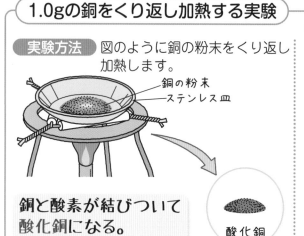

銅の粉末
ステンレス皿

銅と酸素が結びついて
酸化銅になる。

酸化銅

実験結果

加熱した回数	加熱前	1回目	2回目	3回目	4回目	5回目
物質の質量〔g〕	1.0	1.15	1.20	1.25	1.25	1.25

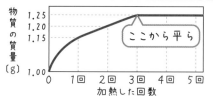

ここから平ら

途中からは，質量がふえない。

一定量の銅と結びつく酸素の質量には限度があります。

もう食べられない！

2 銅と結びつく酸素の質量には規則性があるの？

銅の質量を変えて，1と同じように質量が変化しなくなるまで加熱すると，右のようになります。これより，銅の質量と結びついた酸素の質量は比例することがわかります。

銅の質量〔g〕	0.4	0.8	1.2	1.6	2.0
酸化銅の質量〔g〕	0.5	1.0	1.5	2.0	2.5
結びついた酸素の質量〔g〕	0.1	0.2	0.3	0.4	0.5

酸化銅の質量－銅の質量＝酸素の質量だよ！

2種類の物質が結びつくとき，その質量の比は，いつも同じです。

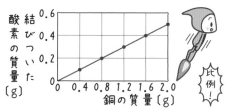

比例！

銅0.4gのとき…0.4g：0.1g＝4：1
銅0.8gのとき…0.8g：0.2g＝4：1
銅1.2gのとき…1.2g：0.3g＝4：1

質量の比は
いつも同じ！

銅の質量：酸素の質量＝4：1

26

 えておきたい用語

□①銅を空気中で加熱したとき，銅と結びつく空気中の物質。

□②銅を空気中で加熱したときにできる黒色の物質。

練習問題

1 銅の質量を変えて空気中で十分に加熱し，そのときの質量の変化を調べたら，表とグラフのようになりました。あとの問いに答えましょう。

表

銅の質量〔g〕	0.4	0.8	1.2	1.6	2.0
酸化銅の質量〔g〕	0.5	1.0	1.5	2.0	2.5
結びついた酸素の質量〔g〕	0.1	0.2	0.3	0.4	0.5

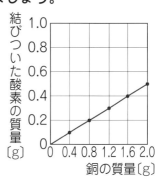

(1) グラフから，銅の質量と結びついた酸素の質量の間には，どんな関係があるといえますか。　　　　　　　　（　　　　　　　）

(2) 銅と酸素が結びついて酸化銅ができるときの，銅と酸素の質量の比を最も簡単な整数比で表しましょう。　　　　銅：酸素＝（　　　　　）

(3) 8.0gの銅を十分に加熱したとき，何gの酸素と結びつきますか。
（　　　　　　　）

(4) (3)のときできた酸化銅は，何gですか。　（　　　　　　　）

 □2種類の物質が結びつくとき，2つの物質はいつも一定の質量の比で結びつく。

まとめのテスト

➡答えは別冊 p.4

1 物質の分解について，次の問いに答えなさい。　　　5点×5(25点)

(1) 右の図のような装置で，炭酸水素ナトリウムを加熱したところ，試験管**B**に気体が集まりました。この気体は何ですか。名前と化学式を答えなさい。

名前（　　　　　　　　　）

化学式（　　　　　　　　　）

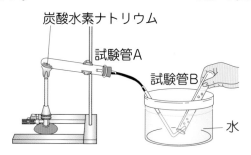

炭酸水素ナトリウム
試験管A
試験管B
水

(2) この実験では，(1)の気体のほか，炭酸ナトリウムと水が発生します。このように，物質がもとの物質とは別の物質に分かれることを何といいますか。

（　　　　　　　　　　）

(3) 水はどのようにすれば水素と酸素に分けることができますか。次の**ア**，**イ**から選びなさい。

（　　　　　）

ア 試験管に入れて加熱する。　　　**イ** 電流を流す。

(4) (3)のとき，水に少量とかす物質は何ですか。 （　　　　　　　　　　）

2 次のア〜エの物質について，あとの問いに答えなさい。　　　4点×7(28点)

> **ア** 水素　　　**イ** 水　　　**ウ** 銀　　　**エ** 塩化ナトリウム

(1) **ア**〜**エ**の物質をそれぞれ化学式で表しなさい。

ア（　　　　　）　**イ**（　　　　　）　**ウ**（　　　　　）　**エ**（　　　　　）

(2) **ア**〜**エ**の物質のうち，化合物はどれですか。 （　　　　　　　）

(3) **ア**，**ウ**のように，1種類の元素からできている物質を何といいますか。

（　　　　　　　　　　）

(4) **ウ**は分子をつくる物質ですか，分子をつくらない物質ですか。

（　　　　　　　　　　）

3 次の化学変化の化学反応式を完成させなさい。 8点×2(16点)

(1) 鉄 ＋ 硫黄 ⟶ 硫化鉄

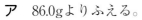

Fe ＋ ( ) ⟶ ( )

(2) 水 ⟶ 水素 ＋ 酸素

(⟶) ＋ O₂

4 右の図のように，容器Aには炭酸水素ナトリウムを入れ，容器Bにはうすい塩酸を入れて，全体の質量を測定したら86.0gでした。次の問いに答えなさい。 5点×2(10点)

(1) ふたをしたまま容器を傾け，2つの物質を反応させました。反応後の容器全体の質量はどうなりますか。次の**ア**〜**ウ**から選びなさい。 ( )

ア 86.0gよりふえる。

イ 86.0gより減る。

ウ 86.0gのまま変わらない。

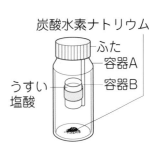

炭酸水素ナトリウム
ふた
容器A
うすい塩酸
容器B

(2) 化学変化の前後で，物質全体の質量が(1)のようになることを何といいますか。

( )

5 銅の質量を変えて空気中で加熱し，そのときの質量の変化を調べたら，次の表とグラフのようになりました。あとの問いに答えなさい。 7点×3(21点)

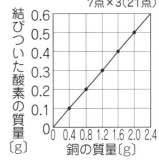

銅の質量〔g〕	0	0.4	0.8	1.2	1.6	2.0
加熱後の質量〔g〕	0	0.5	1.0	1.5	2.0	2.5
結びついた酸素の質量〔g〕	0	0.1	0.2	0.3	0.4	0.5

(1) グラフから，銅の質量と結びついた酸素の質量の間にはどんな関係があるといえますか。 ( )

(2) 銅と酸素が結びつくときの，銅と酸素の質量の比を最も簡単な整数比で答えなさい。

銅：酸素 ＝ ( )

(3) 16.0gの銅を十分加熱すると，何gの酸化銅ができますか。 ( )

29

特集 物質を見分けよう！

水

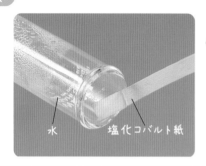

水 　塩化コバルト紙

お〜
色が
変わった！

水に塩化コバルト紙をつけると，
青色から赤色へと変化する。

二酸化炭素

石灰水

石灰水に二酸化炭素を通すと，
石灰水が白くにごる。

水素

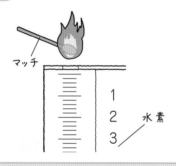

マッチ

1
2
3 　水素

水素に火のついたマッチを近づけると，
ポンと音を立てて燃える。

酸素

酸素そのもの
は燃えないよ！

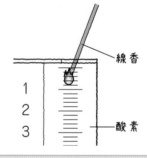

線香

1
2
3 　酸素

酸素に火のついた線香を入れると，
線香が炎を上げて燃える。
（酸素には，ものを燃やすはたらきがある。）

金属

乳棒

ピカピカ

金属

みがくと金属光沢が
現れる。

たたくとうすく広がり，
引っぱるとのびる。

電流がよく流れる。

熱をよく伝える。

生物の体の
つくりとはたらき 2

この章では,
「細胞のつくり」「植物の体」
「動物の体」
などについて学習します。

12 細胞はどんなつくり

細胞のつくり

ニュースなどで，細胞という言葉を聞いたことがありますね。細胞とはどんなものなのでしょうか。

1 細胞はどんなつくり？

植物や動物の体は，箱のような形をした多くの細胞（さいぼう）が集まってできています。

細胞には，植物と動物で共通したつくりと，植物だけに見られるつくりがあります。

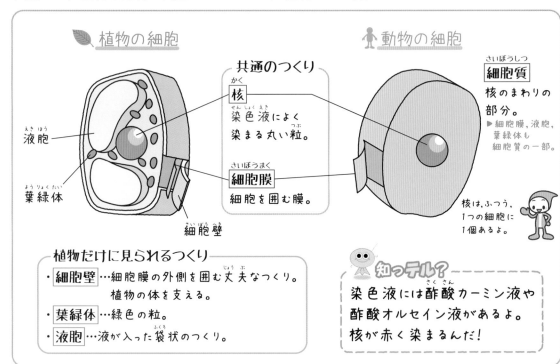

植物の細胞　　動物の細胞

共通のつくり

核（かく）…染色液（せんしょくえき）によく染まる丸い粒（つぶ）。

細胞膜（さいぼうまく）…細胞を囲む膜。

液胞（えきほう）

葉緑体（ようりょくたい）

細胞壁（さいぼうへき）

細胞質（さいぼうしつ）

核のまわりの部分。
▶細胞膜，液胞，葉緑体も細胞質の一部。

核は，ふつう，1つの細胞に1個あるよ。

植物だけに見られるつくり
- 細胞壁…細胞膜の外側を囲む丈夫なつくり。植物の体を支える。
- 葉緑体…緑色の粒。
- 液胞…液が入った袋状（ふくろ）のつくり。

知ッテル？

染色液には酢酸（さくさん）カーミン液や酢酸オルセイン液があるよ。核が赤く染まるんだ！

2 生物の体をつくる細胞の数は？

水の中の小さな生物のアメーバやゾウリムシの体は，1つの細胞だけからできています。このような生物を，単細胞生物（たんさいぼうせいぶつ）といいます。

また，ヒトやタマネギなどはたくさんの細胞が集まってできているので，多細胞生物（たさいぼうせいぶつ）といわれます。

→動物の卵は1つの細胞でできているよ。

単細胞生物

1つの細胞でできている！

アメーバ

ゾウリムシ

多細胞生物

ヒトのほおの内側

タマネギの表皮

えておきたい用語

□①染色液によく染まる，丸い部分。

□②核のまわりの部分。

□③植物の細胞にある緑色の粒の部分。

□④アメーバのように，1つの細胞でできている生物。

練習問題

 図は，植物の葉の細胞を模式的に表したものです。次の問いに答えましょう。

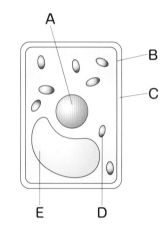

(1) A～Eの部分の名前を書きましょう。
　　A（　　　　）　B（　　　　）
　　C（　　　　）　D（　　　　）
　　E（　　　　）

(2) 植物の細胞にあって，動物の細胞にないつくりはA～Eのどれですか。すべて答えましょう。
　　（　　　　　　　）

(3) 酢酸オルセイン液や酢酸カーミン液などの染色液でよく染まる部分は，A～Eのどの部分ですか。（　　　）

(4) 緑色の粒は，A～Eのどれですか。（　　　）

(5) AのまわりのB, D, Eなどをふくむ部分を何といいますか。（　　　　　）

まとめ
□細胞には核や細胞膜があり，核のまわりの部分を細胞質という。
□葉緑体，細胞壁，液胞は，植物の細胞だけに見られるつくりである。

13 光をあびる葉

植物の葉を見ると，太陽に向かっているものが多いですよね。いっぱい光をあびて，何をしているのでしょうか。

1 葉はどのようについているの？

植物に光が当たると，栄養分がつくられます。このはたらきを光合成（こうごうせい）といいます。

光合成は，主に葉で行われています。

植物の葉は，たがいに重ならないようにつくことで，できるだけ多くの光が当たるようにしています。

→どの葉にも光が当たるようにくふうしているんだね。

たくさんの光を受けているね。

2 光合成って，どのようなしくみなの？

光合成は，細胞の中の葉緑体で行われます。光が当たると，水と二酸化炭素を材料にして，デンプンなどの栄養分をつくり出します。このとき，酸素もできます。

【光合成のしくみ】

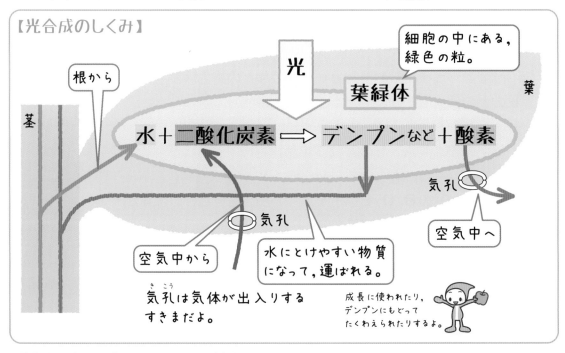

細胞の中にある，緑色の粒。

根から　茎　光　葉緑体　葉

水＋二酸化炭素 ⟹ デンプンなど＋酸素

気孔　空気中へ

空気中から　気孔

水にとけやすい物質になって，運ばれる。

気孔（きこう）は気体が出入りするすきまだよ。

成長に使われたり，デンプンにもどってたくわえられたりするよ。

→植物が光をあびて栄養分をつくるときに，酸素もできているんだよ。

34

➡答えは別冊 p.5

覚 えておきたい用語

□①植物が光を受けてデンプンなどをつくるはたらき。

□②細胞の中にある，光合成が行われるところ。

□③光合成のときに材料となる気体。

□④光合成のときに発生する気体。

練 習 問 題

1 図は，光合成のしくみを表したものです。次の問いに答えましょう。

(1) 図のア，イは光合成の材料
です。それぞれ何ですか。
ア（　　　　　　　）
イ（　　　　　　　）

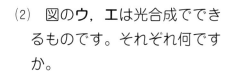

(2) 図のウ，エは光合成ででき
るものです。それぞれ何です
か。

ウ（　　　　　　　　　　）　エ（　　　　　　　　　）

(3) イやエの気体が出入りするすきまであるオを何といいますか。

（　　　　　　　　　）

(4) 光合成を行うときに必要なカは何ですか。　（　　　　　　　　　）

(5) 光合成は細胞の中のどこで行われますか。　（　　　　　　　　　）

□光合成は，光を受けて葉緑体で行われる。

□光合成：水＋二酸化炭素──→デンプンなど＋酸素

光合成

実験の
ページ

➡答えは別冊 p.5

実験 ① 光合成が行われるところを調べる

実験方法

1. オオカナダモを一晩，暗いところに置きます。
2. 次の日，片方には光を当て，もう一方には光を当てないでおきます。
3. それぞれの葉をとり，ヨウ素液で調べます。

└ デンプンがあると反応して青紫色になるよ。

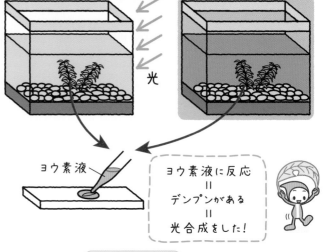

光

ヨウ素液

ヨウ素液に反応
=
デンプンがある
=
光合成をした！

実験結果

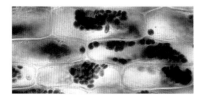

光を当てた葉

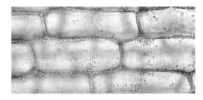

光を当てない葉

- ・光を当てた葉：葉緑体でヨウ素液の反応があった。（デンプンができた。）
- ・光を当てない葉：ヨウ素液の反応がなかった。

→光合成は細胞の中の葉緑体で行われる。

練習問題 1　実験①について，次の問いに答えましょう。

(1) ヨウ素液の反応があるのは，デンプンがある葉ですか，デンプンがない葉ですか。　　　　　　　　（　　　　　　　）

(2) ヨウ素液の反応が見られる部分を，次のア〜エから選びましょう。
　　　　　　　　　　　　　　　　　　　　　　　　　（　　　　　　　）

ア　光を当てた葉の細胞全体　　　イ　光を当てた葉の葉緑体
ウ　光を当てない葉の細胞全体　　エ　光を当てない葉の葉緑体

実験② 光合成でとり入れられる気体を調べる

実験方法

1. Aにタンポポの葉を入れます。
A，Bの両方に息をふきこみます。

二酸化炭素の割合
をふやすよ。

葉
＋
はいた息 A

はいた息 B

2. 試験管を明るい場所に置きます。

A　　B

光合成中!!

はいた息にも光を!

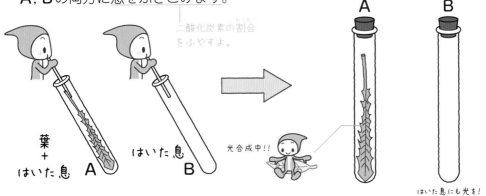

3. A，Bの試験管に石灰水を
入れ，よく振ります。

二酸化炭素によって，
白くにごるよ。

石灰水

二酸化炭素が
吸収されると…?

AとBのちがいは、葉があるかないか
だけなので、この2つの結果を
比べると葉のはたらきがわかります。

このように、調べること以外の条件
を同じにして行う実験を
対照実験といいます。

実験結果

・試験管A：石灰水がほとんどにごらなかった。（二酸化炭素が減った。）
・試験管B：石灰水が白くにごった。

→光合成をするとき，二酸化炭素がとり入れられる。

練習問題2 実験②について，次の問いに答えましょう。

(1) 葉を入れず，ほかの条件は同じにした試験管Bも用意して実験を行いました。
結果を比べるために行うこのような実験を何実験といいますか。

（　　　　　　　）

(2) 葉を入れた試験管Aに光を当てたとき，二酸化炭素の割合はふえますか，減
りますか。
（　　　　　　　）

14 植物の呼吸

私たちは呼吸をしないと生きていけません。自分で栄養分をつくることができる植物も，呼吸をしているのでしょうか。

⭐ 植物も呼吸しているの？

私たちは，酸素をとり入れて二酸化炭素を出しています。これを呼吸といいます。光合成を行う植物も，呼吸をしているのでしょうか。

植物の呼吸を調べる実験

実験方法

1. 植物を入れた袋Aと何も入れない袋Bを用意し，暗いところに置きます。
2. しばらくしてから，袋の中の空気を石灰水に通して変化を調べます。

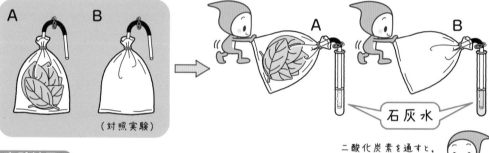

A　B　（対照実験）

A　B　石灰水

二酸化炭素を通すと，白くにごるよ。

実験結果

- Aの空気：白くにごった。
- Bの空気：ほとんど変化がなかった。
  → 植物は二酸化炭素を出している。

気体検知管で調べると，袋Aでは二酸化炭素の割合がふえて，酸素の割合が減っています。

植物も一日中呼吸をしています。

植物は，光が当たると呼吸と光合成の両方を行います。

光が当たらないときは，呼吸だけを行います。
→生物はみんな呼吸をしているんだ。

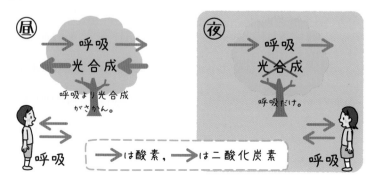

昼　呼吸　光合成　呼吸より光合成がさかん。　呼吸

夜　呼吸　光合成　呼吸だけ。　呼吸

→ は酸素，→ は二酸化炭素

覚 えておきたい用語

□①植物が呼吸でとり入れている気体。

□②植物が呼吸で出している気体。

練習問題

1　図は, 植物に出入りする気体のようすを表しています。次の問いに答えましょう。

(1)　植物の呼吸でとり入れられ, 光合成で出される気体Aは何ですか。

（　　　　　　　）

(2)　植物の呼吸で出され, 光合成でとり入れられる気体Bは何ですか。

（　　　　　　　）

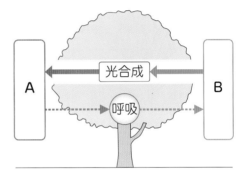

(3)　光が当たっているときに植物が行っているはたらきについて述べているものを, 次の**ア**〜**オ**から選びましょう。

（　　　　　　　）

　ア　呼吸のみ行う。
　イ　光合成のみ行う。
　ウ　呼吸と光合成を行う。ただし, 呼吸のほうがさかん。
　エ　呼吸と光合成を行う。ただし, 光合成のほうがさかん。
　オ　呼吸も光合成も行わない。

(4)　夜に植物が行っているはたらきについて述べているものを, (3)の**ア**〜**オ**から選びましょう。

（　　　　　　　）

　□光が当たっているとき　　：呼吸と光合成の両方を行う。
　□光が当たっていないとき：呼吸のみを行う。

観察の
ページ
根と茎のつくり

➡答えは別冊 p.6

観察 ① 根のはたらきを調べる

切る。

着色した水

観察方法

1. ホウセンカとトウモロコシを着色した水にさします。
2. しばらくしたら，それぞれの根，茎，葉のようすを
   観察します。

観察結果

根，茎，葉が赤色に染まっていた。
→根には，表面から水や水にとけた養分を
　吸収するはたらきがある。
　根からとり入れられた水は，茎や葉へと
　運ばれる。

【根の先】

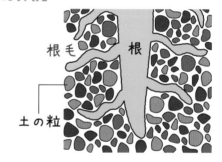

根毛

根

土の粒

根毛があると，土や水にふれる面積が大きくなって，
水などを吸収しやすくなるよ。

練習問題 1　観察①について，次の問いに答えましょう。

(1) 根のはたらきを，次の**ア**，**イ**から選びましょう。

（　　　　　）

　　ア　表面から水を出す。　　**イ**　表面から水をとり入れる。

(2) 根の先のほうに見られる，細かい綿毛のようなものを何といいますか。

（　　　　　）

観察 ② 茎の断面を調べる

実験①で染まった茎を切り，観察します。

観察結果

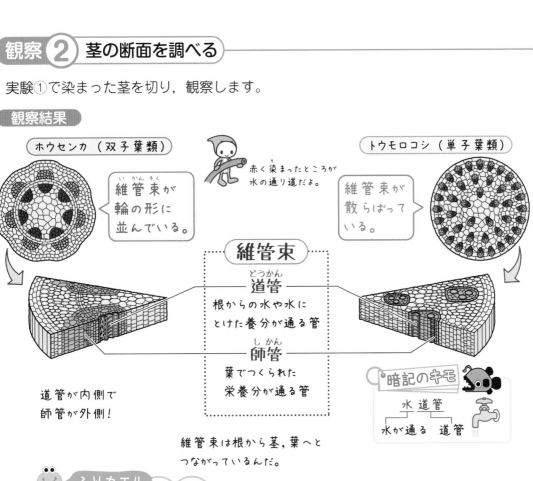

ホウセンカ（双子葉類）

維管束が輪の形に並んでいる。

赤く染まったところが水の通り道だよ。

トウモロコシ（単子葉類）

維管束が散らばっている。

維管束

道管
根からの水や水にとけた養分が通る管

師管
葉でつくられた栄養分が通る管

道管が内側で師管が外側！

暗記のキモ

水　道管

水が通る　道管

維管束は根から茎，葉へとつながっているんだ。

ふりカエル

	双子葉類	単子葉類
子葉	2枚	1枚
根	主根と側根	ひげ根
葉脈	網状脈	平行脈

被子植物は，双子葉類と単子葉類に分類できたね。

練習問題 ② 観察②について，次の問いに答えましょう。

(1) 根から吸い上げた水などが通る管を何といいますか。　（　　　　）

(2) 光合成でつくられた栄養分が通る管を何といいますか。　（　　　　）

(3) (1)と(2)の管が集まってできた束を何といいますか。　（　　　　）

(4) 茎の断面で，(3)が輪の形に並んでいるのは，双子葉類ですか，単子葉類ですか。

（　　　　）

15 葉のようす

> 植物の葉のすじを葉脈ということを学びましたね。では，このすじの中はどうなっているのでしょうか。

★ 葉はどのようなつくりをしているの？

葉の断面を顕微鏡で観察すると，たくさんの細胞が見られます。

葉の細胞の中には，葉緑体とよばれる緑色の小さな粒がたくさんあります。葉が緑色に見えるのは，葉緑体があるからです。

また，葉の表面には，２つの三日月形の細胞（孔辺細胞）に囲まれたすきまがあります。この小さな穴を気孔といい，ここから気体が出入りしています。

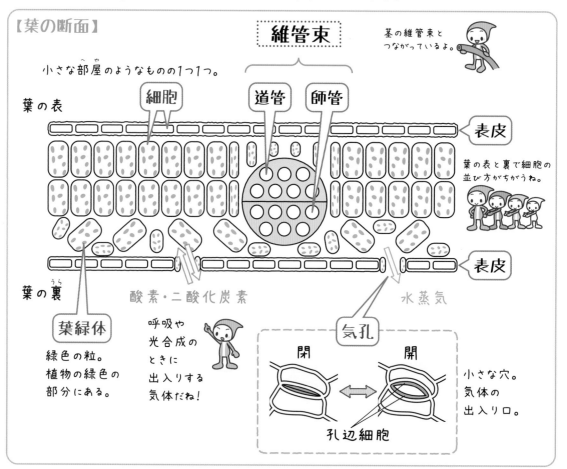

【葉の断面】

小さな部屋のようなものの1つ1つ。

葉の表

細胞

維管束

道管　師管

茎の維管束とつながっているよ。

表皮

葉の表と裏で細胞の並び方がちがうね。

葉の裏

葉緑体

緑色の粒。植物の緑色の部分にある。

酸素・二酸化炭素

呼吸や光合成のときに出入りする気体だね！

表皮

水蒸気

気孔

閉　開

小さな穴。気体の出入り口。

孔辺細胞

→葉脈は，葉の維管束がすじになって見えていたんだね。

42

→答えは別冊 p.6

覚 えておきたい用語

□①葉脈の中を通っている，道管と師管の束の集まり。

□②葉の表面にある小さな穴。気体の出入り口。

練習問題

1 図は，葉の断面のようすを表しています。次の問いに答えましょう。

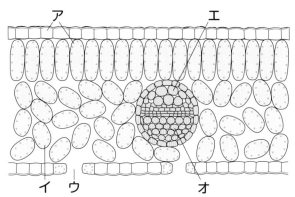

(1) **ア**のような小さな部屋の
　　１つ１つを何といいますか。

　　（　　　　　　　）

(2) 緑色をした**イ**の粒を何と
　　いいますか。

　　（　　　　　　　）

(3) 表面にある**ウ**の穴を何といいますか。　　（　　　　　　　）

(4) 水や水にとけた養分が運ばれる**エ**の管を何といいますか。

　　　　　　　　　　　　　　（　　　　　　　）

(5) 葉でつくられた栄養分が運ばれる**オ**の管を何といいますか。

　　　　　　　　　　　　　　（　　　　　　　）

(6) **エ**と**オ**が集まってできた束を何といいますか。　　（　　　　　　　）

(7) 葉の(6)のものは，茎の(6)のものとつながっていますか。

　　　　　　　　　　　　　　（　　　　　　　）

まとめ
□葉脈の中には維管束（道管と師管の束の集まり）が通っている。
□葉の表面にある気体の出入り口を気孔という。

16 水を外に出すしくみ

蒸散

植物は水がないと枯れてしまいます。とり入れた水は，すべて使われるのでしょうか。体から出ていく水もあるのでしょうか。

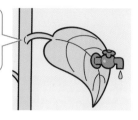

⭐ 水は植物の体から出ていくの？

根から茎を通って葉まで運ばれた水は，水蒸気になって気孔から体の外に出されます。これを蒸散といいます。

蒸散量を調べる実験

実験方法

1. 葉の枚数や大きさがほぼ同じアジサイの枝を用意し，右の図のようにします。
2. しばらくしてから水の減った量を調べます。
3. 葉の気孔の数を調べます。

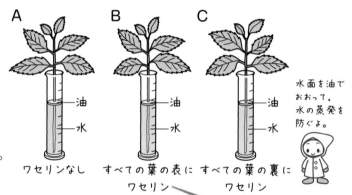

水面を油でおおって，水の蒸発を防ぐよ。

ワセリンをぬると，蒸散できない。

実験結果

	A	B	C
ワセリンをぬった部分	なし	すべての葉の表	すべての葉の裏
蒸散できる部分	葉の表 葉の裏 （茎）	葉の裏 （茎）	葉の表 （茎）
水の減った量（例）	2.7mL	2.2mL	0.6mL

茎からも少し蒸散するよ。

プラスワン　葉の表からの蒸散量はAとBの差（2.7-2.2=0.5mL），葉の裏からの蒸散量はAとCの差（2.7-0.6=2.1mL）

・水の減った量は，A＞B＞Cだった。
・気孔の数は，葉の裏のほうが多かった。（蒸散は葉の裏でさかん。）

→蒸散がさかんな枝では，水がたくさん吸収された。

蒸散が行われると，水が根から吸い上げられ，茎や葉へと運ばれます。

→ストローでジュースを飲むときのように，葉からたくさんの水が出ると根からたくさんの水が吸い上げられるよ。

覚 えておきたい用語

□①根から吸い上げられた水が水蒸気になって植物の体の外に出ていくこと。

□②水蒸気が出ていくときに通る葉の小さな穴。

練習問題

1　図のように，葉の枚数や大きさが同じようなアジサイの枝を用意し，水の減った量を調べました。次の問いに答えましょう。

(1)　実験で，ワセリンをぬったところからは水が出ていきますか。

　　（　　　　　　　　）

(2)　水の減り方が大きかった枝では，葉で何という現象がさかんでしたか。

　　（　　　　　　　　）

(3)　(2)の現象で，水は何になって植物の外に出ていきますか。

　　（　　　　　　　　）

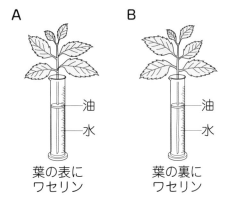

A　葉の表にワセリン

B　葉の裏にワセリン

油
水

(4)　(2)の現象で，(3)のすがたになった水は葉の何とよばれる穴から外に出ていきますか。（　　　　　　　　）

(5)　Aでは，Bよりも水がたくさん減っていました。このとき，(4)は葉の表と裏のどちらに多いと考えられますか。

　　　　　　　　　　　　（　　　　　　　　）

まとめ
□水が水蒸気になって気孔から出ていくことを，蒸散という。
□蒸散が行われると，根から水が吸い上げられる。

17 食物の通り道

私たちの口の中に入った食物は，どのような道すじを進んで行くのでしょうか。

いってきます

① 食物にふくまれている養分って？

　私たちが食べているものには，炭水化物（デンプンなど），タンパク質，脂肪などの有機物と，カルシウムや鉄などの無機物がふくまれています。

→有機物は炭素（C）をふくむ物質だったね。

有機物	炭水化物	米，小麦，いもなど
	タンパク質	肉，豆腐など
	脂肪	油，バターなど
無機物		カルシウム，鉄など

② 食べたものはどうなるの？

　食物にふくまれる養分は口に入れられた後，

口 → 食道 → 胃 → 小腸 → 大腸 → 肛門

の順に進みます。この食物の通り道を消化管といいます。食物は，消化管を進みながら分解されます。この分解するはたらきを消化といいます。

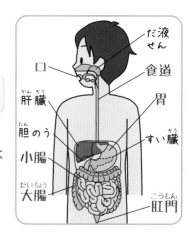

口
だ液せん
食道
肝臓
胃
胆のう
すい臓
小腸
大腸
肛門

③ 何が食物を消化するの？

　消化管の口，胃，小腸などには，養分を消化するはたらきをもつ消化液が出されます。消化液にふくまれる消化酵素のはたらきによって，養分は分解されます。

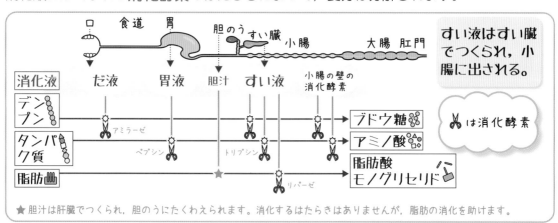

すい液はすい臓でつくられ，小腸に出される。

✂は消化酵素

★ 胆汁は肝臓でつくられ，胆のうにたくわえられます。消化するはたらきはありませんが，脂肪の消化を助けます。

46

➡答えは別冊 p.6

覚 えておきたい用語

□①口から肛門までつながった食物の通り道。

□②食物の消化にかかわる液。

□③消化液にふくまれていて，食物中の養分を分解するはたらきをもつ物質。

□④だ液にふくまれる消化酵素。

練習問題

1 下の図について，あとの問いに答えましょう。

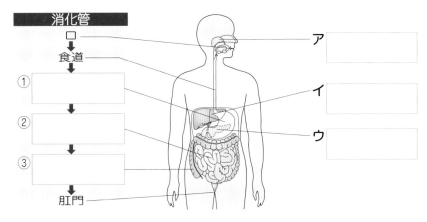

消化管
□
食道
①
②
③
肛門

ア
イ
ウ

(1) 上の図の①～③とア～ウにあてはまる器官の名前を書きましょう。

(2) アから口に出される消化液を何といいますか。 （　　　　　　　）

(3) ウでつくられ，小腸に出される消化液を何といいますか。

（　　　　　　　）

(4) 胃液は何という器官から出されますか。 （　　　　　　　）

まとめ
□食物は，消化管を通る間に消化される。
□消化液にふくまれる消化酵素のはたらきで，養分は分解される。

実験の
ページ

だ液のはたらき

➡答えは別冊 p.7

実験　だ液のはたらきを調べる

実験方法

① 　２本の試験管**A1**，**A2**にだ液とデンプン溶液を入れ，別の２本の試験管**B1**，**B2**に水とデンプン溶液を入れます。
　　これらの試験管を，約40℃の湯を入れたビーカーに５分ほど入れます。

> 試験管を40℃の湯につけるのは，ヒトの体温に近い状態にするためです。

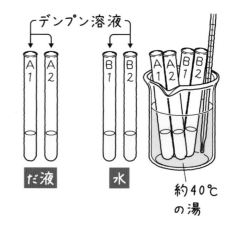

だ液　　　　水　　　約40℃の湯

② 　A1，B1にはヨウ素液を２，３滴加えて変化を調べます。

ヨウ素液

A1　B1

だ液　水

さてどうなるんだろう

③ 　A2，B2にはベネジクト液を少量加え，加熱して変化を調べます。

ベネジクト液

A2　B2

だ液　水

沸騰石

軽く振る。

実験結果

変化なし　　青紫色に

A1　B1

デンプンなし　デンプンあり

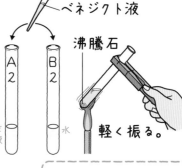

赤褐色の沈殿　　変化なし

A2　B2

麦芽糖などがある。

・ヨウ素液はデンプンがあると青紫色になる。
・ベネジクト液は，デンプンが分解されてできた麦芽糖（ばくがとう）などがあると，加熱したとき赤褐色の沈殿ができる。

・だ液を入れた試験管からはデンプンがなくなっていた。
・だ液を入れた試験管には麦芽糖などがあった。

→だ液によって，デンプンは麦芽糖などに分解された。

 だ液のはたらきを調べるために，次の①～⑤のような操作を行いました。あとの問いに答えましょう。

①試験管A，Bにうすめただ液とデンプン溶液を入れる。

②試験管C，Dに水とデンプン溶液を入れる。

③試験管A，B，C，Dを約40℃の湯を入れたビーカーに5分ほど入れる。

④試験管A，Cに少量のヨウ素液を入れ，変化を調べる。

⑤試験管B，Dに少量のベネジクト液を入れ，加熱して変化を調べる。

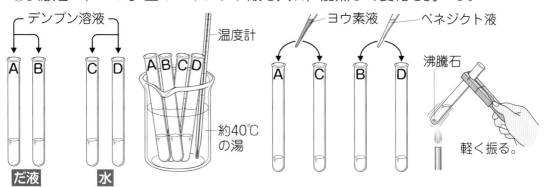

(1) **操作③**で試験管を約40℃の湯に入れるのはなぜですか。次のア，イから選びましょう。　　　　　　　　　　　　　　　（　　　）

　ア　デンプン溶液の中の菌をなくすため。

　イ　ヒトの体温と同じくらいにするため。

(2) **操作④**で，液の色が青紫色になったのは，A，Cのどちらですか。（　　　）

(3) (2)より，デンプンがなくなっているのは，A，Cのどちらですか。（　　　）

(4) **操作⑤**で，液に赤褐色の沈殿ができたのは，B，Dのどちらですか。（　　　）

(5) (4)より，麦芽糖などができているのは，B，Dのどちらですか。（　　　）

(6) 実験結果より，何がデンプンを分解したといえますか。（　　　）

18 消化されたものはどこへ行く？

吸収

消化された養分は，どのようになって，どこから吸収されるのでしょうか。

1 養分は消化されて何になるの？

デンプン，タンパク質，脂肪など養分は，消化によって，次の物質に分解されます。

デンプン → ブドウ糖
タンパク質 → アミノ酸
脂肪 → 脂肪酸・
　　　　モノグリセリド

暗記のキモ

伝説のブドウジュースを
　デンプン　ブドウ糖
タンなるアミに入れた
　タンパク質　アミノ酸
油っぽい坊さんはものぐさ。
　脂肪　　脂肪酸　モノグリセリド

ど〜ぞ〜

└1行ずつ覚えてもいいね！

2 消化された養分はどこに行くの？

消化された養分は，主に小腸の壁から吸収されます。

小腸の壁はひだになっていて，ひだには柔毛とよばれるたくさんの突起があります。
消化された養分は，この柔毛から吸収されます。

└でっぱり

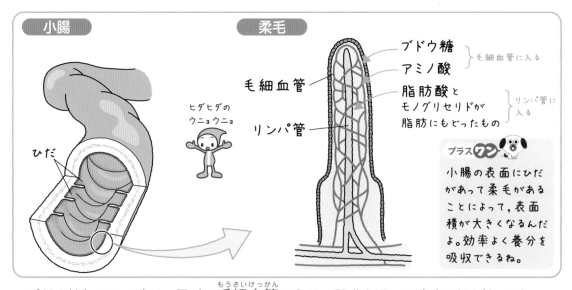

小腸

柔毛

ヒダヒダの
ウニョウニョ

毛細血管

リンパ管

ひだ

ブドウ糖
アミノ酸 } 毛細血管に入る

脂肪酸と
モノグリセリドが
脂肪にもどったもの } リンパ管に入る

プラスワン

小腸の表面にひだがあって柔毛があることによって，表面積が大きくなるんだよ。効率よく養分を吸収できるね。

ブドウ糖とアミノ酸は，柔毛の毛細血管に入り，肝臓を通って全身に運ばれます。
脂肪酸とモノグリセリドは，柔毛に吸収された後，再び脂肪にもどり，リンパ管に入ります。リンパ管はやがて血管に合流します。

→肝臓では，吸収された養分の一部がたくわえられるんだ。

覚 えておきたい用語

□①デンプンが消化されてできる物質。

□②タンパク質が消化されてできる物質。

□③消化された養分が吸収される器官。

□④小腸の壁のひだにある無数の突起。

□⑤柔毛で吸収されたブドウ糖やアミノ酸が入る管。

練習問題

1 右の図1はヒトの消化管にある器官で、図2はその表面にある突起を模式的に表したものです。次の問いに答えましょう。

(1) 図1は、消化した養分を吸収する器官です。何という器官ですか。

（　　　　　　　）

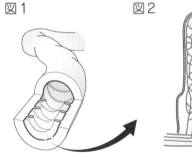

図1　図2

(2) (1)の器官の表面にある図2の突起を何といいますか。

（　　　　　　　）

(3) 脂肪酸とモノグリセリドは、柔毛に入って脂肪にもどった後、図2の突起の**ア**、**イ**のどちらの部分に吸収されますか。（　　　　　　）

(4) (3)で答えた部分の名前を答えましょう。（　　　　　　）

(5) 図2のような突起があるつくりによって、図1の器官の表面積は大きくなりますか、小さくなりますか。（　　　　　　）

> **まとめ**　□ブドウ糖とアミノ酸は柔毛の毛細血管に入り、脂肪酸とモノグリセリドは柔毛に吸収された後、脂肪にもどりリンパ管に入る。

19 呼吸のしくみ

呼吸

呼吸では，酸素をどのように体内にとり入れ，二酸化炭素をどのように排出しているのでしょうか。

1 吸いこんだ空気はどこに行くの？

鼻や口から吸いこんだ空気は，気管を通って肺に入ります。

気管は枝分かれして気管支になり，その先には，肺胞という小さな袋がたくさんあります。

肺胞は，たくさんの毛細血管に囲まれています。

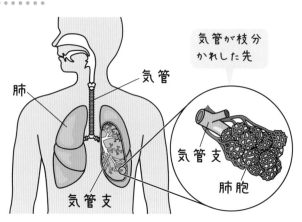

気管が枝分かれした先

肺胞では，吸いこんだ空気から毛細血管の中の血液に酸素がとり入れられ，血液中の不要な二酸化炭素が出されます。

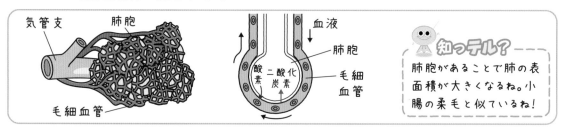

知ッテル？

肺胞があることで肺の表面積が大きくなるね。小腸の柔毛と似ているね！

2 血液にとりこまれた酸素はどうなるの？

血液にとりこまれた酸素は，体中の細胞に運ばれます。細胞では，酸素を使って，養分から生きていくのに必要なエネルギーがとり出されます（細胞呼吸）。

このとき，水と二酸化炭素もできます。

二酸化炭素は不要な物質として血液にとけて肺まで運ばれ，体外に出されます。

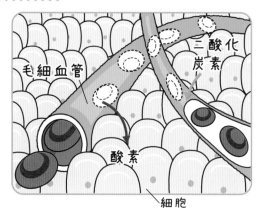

→私たちが吸いこんだ空気の中の酸素は，体のすみずみまで届くんだね。

➡答えは別冊 p.7

覚 えておきたい用語

□①口から肺につながる管。

□②気管支の先の袋になった部分。

□③肺胞のまわりにある細い血管。

□④血液によって運ばれてきた酸素を使って，細胞が養分からエネルギーをつくり出すはたらき。

練習問題

1 図は，ヒトの肺のつくりを表したものです。次の問いに答えましょう。

(1) 図で，鼻や口から吸いこまれた空気が通るAを何といいますか。
（　　　　　）

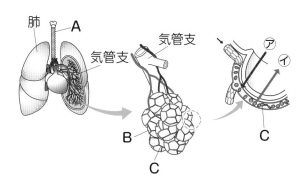

(2) 図で，(1)が枝分かれした先にある袋Bを何といいますか。
（　　　　　）

(3) 図の袋Bのまわりにある血管Cを何といいますか。
（　　　　　　　　）

(4) 図で，吸いこまれた空気から血液中にとりこまれている気体㋐は何ですか。
（　　　　　　　　）

(5) 図で，血液中から(2)の中に出されている気体㋑は何ですか。
（　　　　　　　　）

□吸いこんだ空気は，気管から気管支を通り，肺胞に入る。
□肺胞では，血液中に酸素をとりこみ，二酸化炭素を出す。

20 血液を送り出せ！

心臓と血液

走ると，心臓がドッキン！ドッキン！するのがわかりますね。心臓はどんなはたらきをしているのでしょうか。

1 心臓はどんな臓器？

心臓は，血液を送り出すポンプのはたらきをしています。

心臓から送り出された血液が流れる血管を動脈（どうみゃく）といいます。動脈の壁は厚く，弾力があります。

心臓にもどる血液が流れる血管を静脈（じょうみゃく）といいます。静脈には，ところどころに血液の逆流を防ぐ弁（べん）があります。

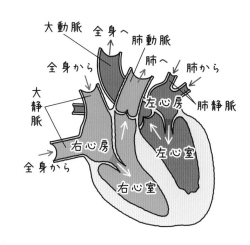

→心臓の周期的な動きを拍動（はくどう）というよ。ドッキンドッキンさせて血液を送り出しているんだ。

2 血液にはどんな成分があるの？

血液の成分には，固形成分と液体成分があります。

固形成分
・赤血球（せっけっきゅう）　ヘモグロビンという物質をふくんでいて，酸素を運びます。
・白血球（はっけっきゅう）　体に侵入した細菌などを分解します。
・血小板（けっしょうばん）　出血したとき，血液を固めます。

液体成分
・血しょう（けっしょう）　毛細血管のすきまからしみ出て組織液（そしきえき）となり，細胞のまわりを満たします。

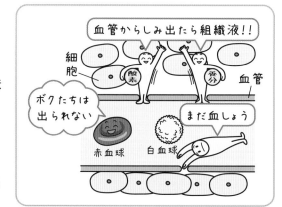

血液によって運ばれた酸素や養分は，組織液を通して細胞に届けられます。細胞でできた不要な物質や二酸化炭素は，組織液を通して血管にとりこまれます。

→ヘモグロビンは，酸素が多い場所(肺)では酸素と結びつき，酸素の少ない場所(全身)では酸素をはなすよ。
　だから肺から全身の細胞に酸素を運ぶことができるんだ。

覚 えておきたい用語

□①心臓から送り出された血液が流れる血管。

□②心臓にもどる血液が流れる血管。

□③血液の固形成分で，酸素を運ぶもの。

□④血液の液体成分。

練習問題

① 　図1は正面から見た心臓のつくりを，図2は血液と細胞との間での物質の受けわたしを表したものです。あとの問いに答えましょう。

図1

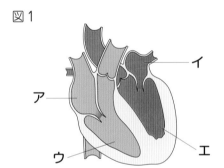

図2

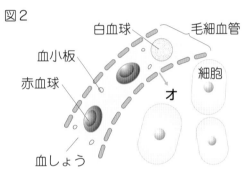

白血球　　毛細血管
血小板
赤血球
　　　　　　　　オ　　細胞
血しょう

(1)　全身に血液を送り出す左心室を，図1のア～エから選びましょう。

（　　　　　）

(2)　ところどころに弁があるのは，動脈ですか，静脈ですか。（　　　　　）

(3)　図2の赤血球にふくまれていて，酸素を運ぶはたらきをしている物質を何といいますか。　　　　　　　　　　　　　　　　（　　　　　）

(4)　図2で，血しょうがしみ出たオを何といいますか。　（　　　　　）

まとめ
□心臓から送られた血液は動脈を，心臓にもどる血液は静脈を通る。
□血液の成分には，赤血球，白血球，血小板，血しょうなどがある。

㉑ 血液の行き先とはたらき

血液の循環

> 血液は，体の中をどのようにめぐって，どこで何を受けわたすのでしょうか。

❶ 血液は，体の中をどんなふうにめぐるの？

体を循環する血液の道すじには**体循環**と**肺循環**の２つがあります。

体循環

$$心臓 \rightarrow 全身 \rightarrow 心臓$$

動脈　　　　　　　　静脈
毛細血管

体循環では，全身に運ばれた血液が細胞に酸素と養分をわたし，細胞から不要になった二酸化炭素などを受けとって心臓にもどります。

肺循環

$$心臓 \rightarrow 肺 \rightarrow 心臓$$

動脈　　　　　　静脈
毛細血管

肺循環では，肺に運ばれた血液が不要になった二酸化炭素を出し，酸素を受けとって心臓にもどります。

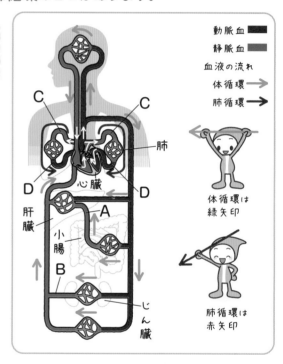

- ■養分が最も多くふくまれる血液 → 小腸を通った後の血液（図のＡ）
- ■尿素などの不要な物質が最も少ない血液
  → じん臓を通った後の血液（図のＢ）
- ■二酸化炭素を最も多くふくむ血液 → 肺に入る直前の血液（図のＣ）
- ■酸素を最も多くふくむ血液 → 肺を通った後の血液（図のＤ）

▶じん臓についてはP.58でくわしく学習するよ！

❷ 動脈血と静脈血って何？

酸素を多くふくむ血液を**動脈血**，二酸化炭素を多くふくむ血液を**静脈血**といいます。

→肺で酸素を受けとってから全身の細胞に届くまでが動脈血だよ。動脈を流れる血液という意味ではないよ！

➡答えは別冊 p.8

覚 えておきたい用語

□①心臓から全身を通り，心臓にもどる血液の循環。

□②心臓から肺を通り，心臓にもどる血液の循環。

□③酸素を多くふくむ血液。

□④二酸化炭素を多くふくむ血液。

1　図は，ヒトの血液の循環のようすを表した模式図です。次の問いに答えましょう。

(1)　図の**ア**，**イ**の器官を何といいますか。

ア（　　　　　）

イ（　　　　　）

(2)　図の**イ**を出て，全身の細胞をめぐり再び**イ**にもどる循環を何といいますか。

（　　　　　）

(3)　酸素を多くふくむ動脈血が流れているのは，図の赤，青どちらの色の血管ですか。

（　　　　　）

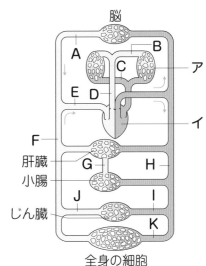

(4)　養分を最も多くふくむ血液が流れている血管は，**A～K**のどれですか。

（　　　　　）

(5)　酸素を最も多くふくむ血液が流れている血管は，**A～K**のどれですか。

（　　　　　）

まとめ　□血液は全身を循環して全身の細胞に酸素や養分を運び，細胞から二酸化炭素など不要になった物質を受けとる。

22 不要な物質を体の外へ

排出

全身の細胞でできた不要な物質は，どのように体外に出されるのでしょうか。

⭐ 体の中で不要になった物質はどうなるの？

細胞でエネルギーをつくるときに，二酸化炭素やアンモニアなどの不要な物質ができます。これらの不要な物質を体外に出すことを排出（はいしゅつ）といいます。

有害なアンモニアは肝臓に運ばれて，尿素（にょうそ）という無害な物質に変えられます。尿素はじん臓で血液中からとり除かれ，尿（にょう）として排出されます。

ふりカエル

肺の肺胞内に出された二酸化炭素は，息をはくことで排出されるんだったね。

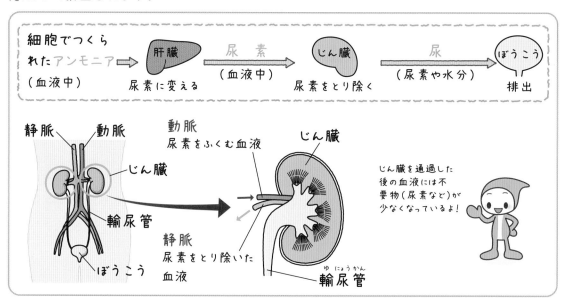

細胞でつくられたアンモニア（血液中）➡ 肝臓 尿素に変える → 尿　素（血液中）→ じん臓 尿素をとり除く → 尿（尿素や水分）→ ぼうこう 排出

静脈　動脈　じん臓　輸尿管　ぼうこう

動脈 尿素をふくむ血液　じん臓

静脈 尿素をとり除いた血液　輸尿管（ゆにょうかん）

じん臓を通過した後の血液には不要物（尿素など）が少なくなっているよ！

肝臓のはたらきをまとめておこう！

❶ 脂肪の消化を助ける胆汁（たんじゅう）をつくるはたらきがあったね。

❷ 小腸から吸収した養分を一時たくわえるはたらきもするよ。

❸ 有害なアンモニアを尿素に変えるょ！

ヨッ！はたらきもの！

➡答えは別冊 p.8

覚 えておきたい用語

□①体の中で不要になった物質を体外に出すこと。

□②細胞の活動でできたアンモニアを，無害な物質に変える器官。

□③アンモニアが変えられてできた無害な物質。

□④尿素などの不要な物質を血液からとり除く器官。

練習問題

1 **図は，不要な物質を体外に排出するつくりです。次の問いに答えましょう。**

(1) 細胞でできたある不要な物質は，肝臓で尿素に変えられます。この不要な物質とは何ですか。

（　　　　　　　　　）

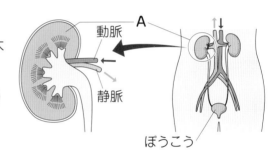

動脈
A
静脈
ぼうこう

(2) 図の**A**の器官を何といいますか。

（　　　　　　　　　）

(3) 図の**A**の器官は，どのようなはたらきをしますか。次の**ア**〜**ウ**から選びましょう。

（　　　　　）

ア 血液中から二酸化炭素をとり除く。

イ 血液中から尿素をとり除く。

ウ 血液中からアンモニアをとり除く。

(4) (3)でとり除かれたものは，何として排出されますか。（　　　　　　　　　）

□細胞でできた有害なアンモニアは肝臓で無害な尿素に変えられる。
□血液中の尿素は，じん臓でとり除かれ，尿として排出される。

23 刺激を受けとる器官

私たちがテレビを見ているとき，光や音の刺激はどのように伝わるのでしょうか。

★ 体のどこでどんな刺激を受けとっているの？

光や音などの身のまわりの刺激を受けとる器官を感覚器官といいます。
ヒトの感覚器官には次のようなものがあります。

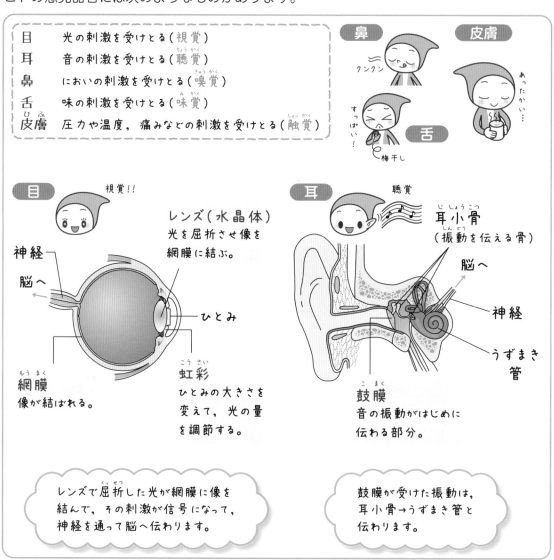

目　　光の刺激を受けとる（視覚）
耳　　音の刺激を受けとる（聴覚）
鼻　　においの刺激を受けとる（嗅覚）
舌　　味の刺激を受けとる（味覚）
皮膚　圧力や温度，痛みなどの刺激を受けとる（触覚）

鼻　クンクン
すっぱい！　梅干し
皮膚　あったかい…
舌

目　視覚！！

レンズ（水晶体）
光を屈折させ像を
網膜に結ぶ。

神経
脳へ
ひとみ
網膜
像が結ばれる。

虹彩
ひとみの大きさを
変えて，光の量
を調節する。

耳　聴覚

耳小骨
（振動を伝える骨）

脳へ
神経
うずまき
管

鼓膜
音の振動がはじめに
伝わる部分。

レンズで屈折した光が網膜に像を
結んで，その刺激が信号になって，
神経を通って脳へ伝わります。

鼓膜が受けた振動は，
耳小骨→うずまき管と
伝わります。

感覚器官には，刺激を受けとる細胞があって，その細胞で受けとった刺激は信号になり，神経を通って脳に伝えられます。→テレビを見ているときは，目と耳で刺激を受けとっています。

覚 えておきたい用語

□①光や音など，さまざまな刺激を受けとる器官。

□②レンズを通って目に入った光が像を結ぶ部分。

□③耳の中で，音の振動をはじめに受けとる部分。

□④感覚器官が受けとった刺激の信号を脳に伝える部分。

練習問題

1 図は，ヒトの目と耳のつくりを表しています。次の問いに答えましょう。

(1) 目と耳によって生じる感覚を
それぞれ何といいますか。次の
ア〜オから選びましょう。

目（　　　）　耳（　　　）

ア　嗅覚　　イ　視覚
ウ　味覚　　エ　触覚
オ　聴覚

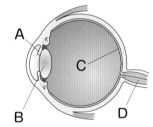

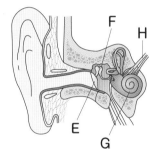

(2) 次の①〜③のはたらきをする部分を，図のA〜Hから選び，その部分の名前
も答えましょう。

① 目に入る光の量を調節する。　　　記号（　　　）　名前（　　　　　）

② 音の振動がはじめに伝わる。　　　記号（　　　）　名前（　　　　　）

③ 光の像が結ばれる。　　　　　　　記号（　　　）　名前（　　　　　）

(3) 光や音の刺激の信号を脳に伝える神経といわれる部分を，A〜Hからすべて
選びましょう。　　　　　　　　　　　　　　　　　（　　　　　　　）

□身のまわりの刺激は，目(光)，耳(音)，鼻(におい)，舌(味)，
皮膚(圧力や痛みなど)などの感覚器官で受けとられる。

24 刺激に対する反応

刺激と反応

自分のほうにボールが飛んできたので，グローブで受けとりました。この行動はどんなしくみで行っているのでしょうか。

1 ヒトの体にはどんな神経があるの？

脳や脊髄を中枢神経といい，感覚器官からの刺激の信号を受けて判断や命令をしています。また，中枢神経から枝分かれした神経を末しょう神経といいます。

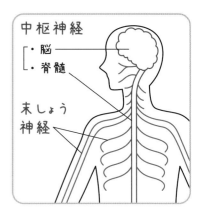

末しょう神経
- 感覚神経…感覚器官が受けた刺激の信号を中枢神経に伝える神経。
- 運動神経…中枢神経の命令の信号を筋肉などの運動器官に伝える神経。

2 刺激に対してどんなふうに反応するの？

刺激に対する反応には，脳の命令で反応する場合と，無意識に反応する場合があります。このうち，無意識にする反応を反射といいます。

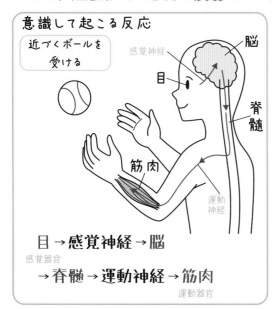

意識して起こる反応
近づくボールを受ける

目 → 感覚神経 → 脳
（感覚器官）
→ 脊髄 → 運動神経 → 筋肉
（運動器官）

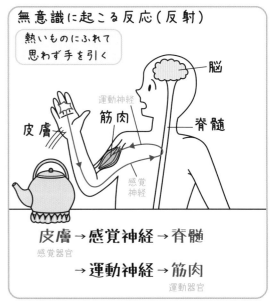

無意識に起こる反応（反射）
熱いものにふれて思わず手を引く

皮膚 → 感覚神経 → 脊髄
（感覚器官）
→ 運動神経 → 筋肉
（運動器官）

→反射は反応がはやいから，身を守るのに役立つんだよ。

覚 えておきたい用語

□①刺激に対して判断や命令を行う脳や脊髄のこと。

□②感覚器官で受けた刺激の信号を中枢神経に伝える神経。

□③中枢神経の出した命令の信号を筋肉に伝える神経。

□④刺激に対して無意識に起こる反応。

練 習 問 題

1 図は，ヒトが感覚器官で刺激を受けとってから運動器官で反応が起こるまでの経路を模式的に表したものです。次の問いに答えましょう。

(1) 図のA〜Dはそれぞれ何を表していますか。

A（　　　　）
B（　　　　）
C（　　　　）
D（　　　　）

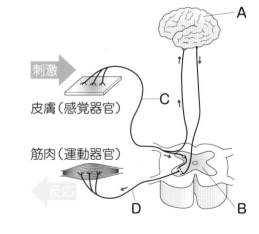

刺激

皮膚（感覚器官）

筋肉（運動器官）

反応

A

C

D

B

(2) 熱いものにふれて意識せずに手を引くときの，刺激と反応の経路は，次のア，イのどちらですか。

（　　　　）

ア　皮膚→C→B→D→筋肉　　　　イ　皮膚→C→B→A→B→D→筋肉

(3) (2)のような無意識の反応を何といいますか。　　（　　　　　　　　）

まとめ

□脳や脊髄を中枢神経，感覚神経や運動神経を末しょう神経という。
□刺激に対して無意識に起こる反応を反射という。

25 うでやあしはなぜ曲がる

体が動くしくみ

走ったり，とんだりするときに体のいろいろな部分を動かします。
体はどんなしくみで動いているのでしょうか。

⭐ ヒトのうでやあしはどんなふうに動くの？

ヒトの全身には骨や筋肉があります。

多くの骨が組み合わさって骨格をつくっています。骨格は体を支えたり動かしたりするはたらきをします。また，内臓や脳などを守る役割もしています。

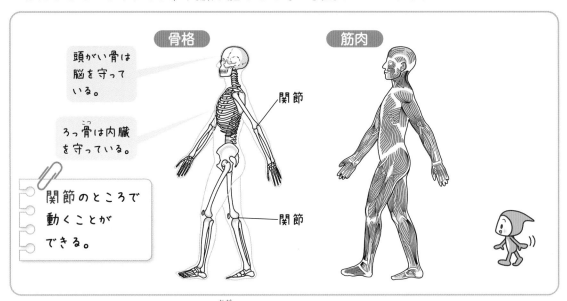

骨格

頭がい骨は脳を守っている。

ろっ骨は内臓を守っている。

関節

関節

関節のところで動くことができる。

筋肉

筋肉は骨についていて，筋肉が縮んだりゆるんだりすることで骨が動きます。

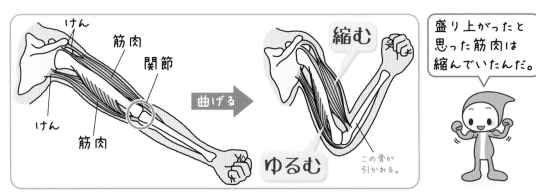

けん
筋肉
関節
けん
筋肉

曲げる

縮む

ゆるむ

この骨が引かれる。

盛り上がったと思った筋肉は縮んでいたんだ。

骨と骨のつなぎ目で，曲げたりまわしたりできるところを関節といいます。

骨につながった筋肉の両端の部分をけんといいます。

→けんが関節をまたいで2つの骨につくことで，うでやあしを曲げたりのばしたりできるんだね。

➡答えは別冊 p.9

 えておきたい用語

□①体を支えたり動かしたりするはたらきをもつ，骨が組み合わさったもの。

□②骨と骨とのつなぎ目で，曲げたりまわしたりできる部分。

□③筋肉の両端で骨につながっている部分。

練習問題

1　下の図は，ヒトがうでを曲げたりのばしたりするときの骨と筋肉のようすを表したものです。あとの問いに答えましょう。

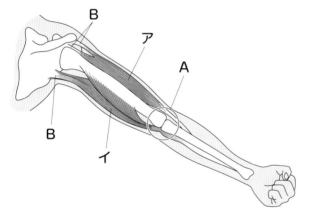
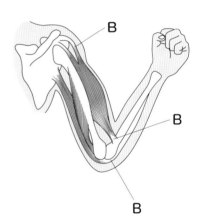

(1)　図の**A**は骨と骨がつながっている部分です。この部分を何といいますか。

（　　　　　　　　　　）

(2)　筋肉が骨につながっている図の**B**の部分を何といいますか。

（　　　　　　　　　　）

(3)　うでを曲げるとき，**ア**と**イ**の筋肉はそれぞれ縮みますか，ゆるみますか。

ア（　　　　　　　）　イ（　　　　　　　）

 □骨とつながった筋肉が縮んだりゆるんだりすることで，うでやあしの関節の部分を曲げたりまわしたりすることができる。

まとめのテスト

➡答えは別冊 p.9

1 右の図は，植物の細胞を模式的に表したものです。
次の問いに答えなさい。　　　　　　　　　4点×2(8点)

(1) 図の**A**は，酢酸オルセイン液などの染色液によく
染まります。何という部分ですか。（　　　　　）

(2) 植物の細胞だけにあって，動物の細胞にないもの
を，図の**A**〜**E**からすべて選びなさい。

（　　　　　　　　）

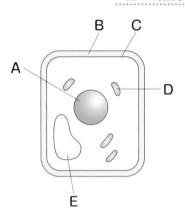

2 次の図1は光合成について，図2はある植物の茎の断面を模式的に表したものです。
あとの問いに答えなさい。　　　　　　　　　　　　　　　　　　　4点×9(36点)

図1

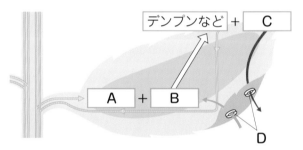

図2

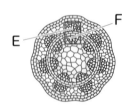

(1) 光合成は，細胞の中のどこで行われますか。　　　　（　　　　　　　　）

(2) 光合成の材料となる**A**，**B**，光合成でできる**C**はそれぞれ何ですか。
A（　　　　　　　）**B**（　　　　　　　）**C**（　　　　　　　）

(3) **B**や**C**の気体が出入りする**D**の穴を何といいますか。　（　　　　　　　　）

(4) 根から吸い上げられた水が，水蒸気になって**D**の穴から植物の体の外に出ていくは
たらきを何といいますか。　　　　　　　　　　（　　　　　　　　）

(5) **E**，**F**の管をそれぞれ何といいますか。
E（　　　　　　　）**F**（　　　　　　　）

(6) **E**と**F**が集まってできた束を何といいますか。　　（　　　　　　　　）

3 ヒトの消化について，次の問いに答えなさい。 5点×3(15点)

(1) 食物中の養分は，消化液にふくまれる何のはたらきによって分解されますか。

( )

(2) タンパク質は，最終的に何という物質にまで消化されますか。

( )

(3) 消化された養分は，小腸のひだにある突起から吸収されます。この突起を何といいますか。

( )

4 右の図は，ヒトの血液の循環経路を表したものです。次の問いに答えなさい。

(1) 図のAとBの器官の名前を答えなさい。 5点×5(25点)

A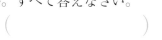

B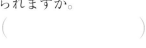

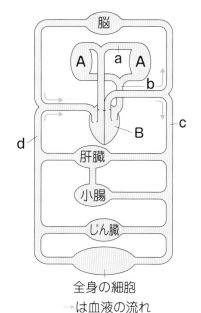

脳

A a A

b

B

c

d

肝臓

小腸

じん臓

全身の細胞

→は血液の流れ

(2) 図のa〜dのうち，動脈血が流れているのは，どの血管ですか。すべて答えなさい。

( )

(3) 細胞でできた有害なアンモニアは，肝臓で何という物質に変えられますか。

( )

(4) (3)の物質は，何という器官で血液中からとり除かれますか。 ( )

5 右の図は，ヒトの目のつくりです。次の問いに答えなさい。 4点×4(16点)

(1) A〜Dのうち，次の①〜③のはたらきをする部分はどこですか。

① 目に入った光が像を結ぶ部分 ( )

② 目に入る光の量を調節する部分 ( )

③ 像の信号を脳に伝える部分 ( )

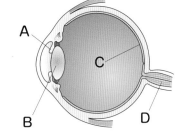

A

C

B

D

(2) 目に入る光の量を調節する部分の筋肉は，無意識のうちに動きます。このような無意識に起こる反応を何といいますか。

( )

特集 # 生物の体のつくりを知ろう！

単細胞生物の体

体が1つの細胞からできている生物を，**単細胞生物**といいます。

ゾウリムシ　　　　ミカヅキモ　　　　アメーバ

水中の小さな生物は単細胞生物が多いね。
でも，ミジンコは多細胞生物だよ！

多細胞生物の体

たくさんの細胞が集まって体ができている生物を，**多細胞生物**といいます。

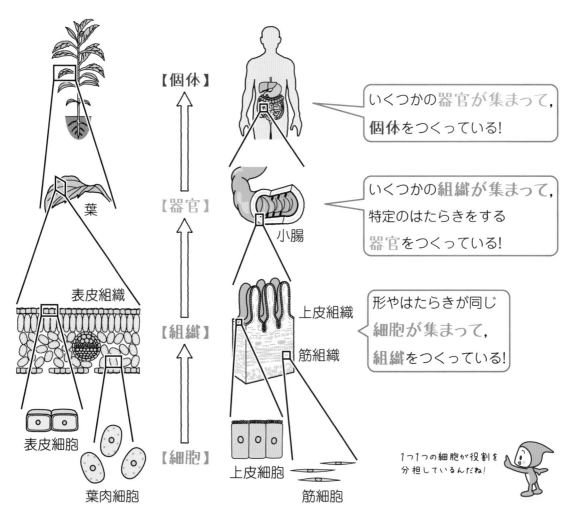

【個体】

いくつかの器官が集まって，個体をつくっている！

葉

【器官】

小腸

いくつかの組織が集まって，特定のはたらきをする器官をつくっている！

表皮組織

上皮組織

筋組織

【組織】

形やはたらきが同じ細胞が集まって，組織をつくっている！

表皮細胞

葉肉細胞

【細胞】

上皮細胞

筋細胞

1つ1つの細胞が役割を分担しているんだね！

電流とその利用

雷は誰のしわざ の巻

この章では,
「電流と電圧」「電流と磁界」
「静電気」などについて
学習します。

26 回路をかんたんに表そう！

回路図

電池や導線，豆電球などをつないだようすを，かんたんに表すことはできないのでしょうか。

これをかくのはめんどうだ

1 電池や豆電球を記号で表せるの？

電池，豆電球，導線をつないで豆電球をつけたとき，電流が流れる道すじを回路といいます。回路は，電池，豆電球，導線などの記号を使って表すことができます。

●電気用図記号

電気器具	電池や直流電源	電　球	スイッチ	抵抗器や電熱線	電流計	電圧計	導線の交わり
電気用図記号	―┤├― (長いほうが＋)	⊗	―•／―	―▭―	Ⓐ	Ⓥ	┼ (接続するとき)

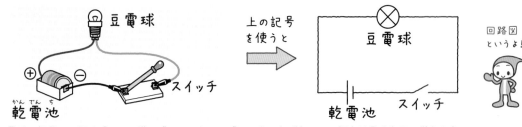

→電池の記号の＋極は「＋」の横の「－」とたての「｜」をつなげたので－極より長くなると覚えよう！

2 直列回路と並列回路を回路図で表すと？

■直列回路

電流の流れる道すじが1本になっている。

■並列回路

電流の流れる道すじが枝分かれしている。

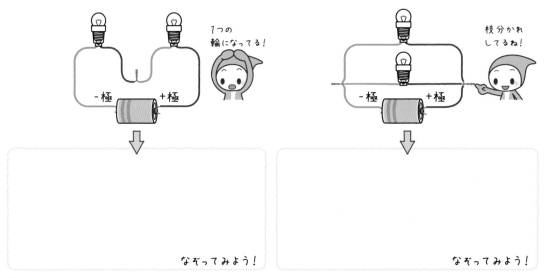

1つの輪になってる！

枝分かれしてるね！

なぞってみよう！

なぞってみよう！

➡答えは別冊 p.9

覚 えておきたい用語

□①電流の流れる道すじ。

□②電気用図記号 ―||― が表しているもの。

□③電流の道すじが，1本になっている回路。

□④電流の道すじが枝分かれしている回路。

下の図の①，②の回路を，電気用図記号を用いた回路図で表しましょう。
また，それぞれの回路を何回路といいますか。

①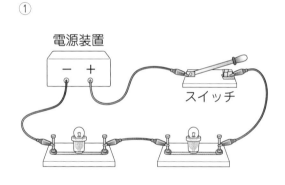

②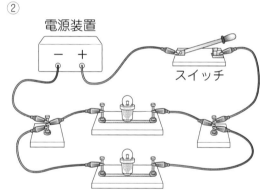

回路図

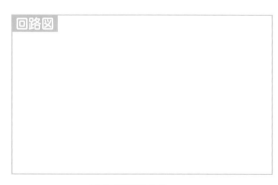

[   ] 回路

回路図

[   ] 回路

□電流が流れる道すじが1本になっている回路を直列回路という。

□電流が流れる道すじが枝分かれしている回路を並列回路という。

➡答えは別冊 p.9

実習のページ

電流と電圧の大きさ

実習① 電流の大きさを調べる

電流の単位には，**アンペア**(記号：**A**)を使います。

電流の大きさは，電流計を使って調べます。

1A=1000mA
0.5A=500mA
0.05A=50mA
だよ。

電流計

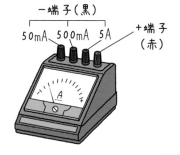

ー端子(黒)
50mA 500mA 5A
＋端子(赤)

目盛りの読み方

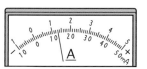

- 5Aのー端子のとき…1.30A
- 500mAのー端子のとき…130mA
- 50mAのー端子のとき…13.0mA

▶最小目盛りの $\frac{1}{10}$ まで読む。

電流計のつなぎ方

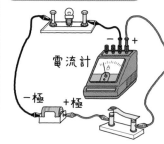

電流計
ー極　＋極

- 電流計は，はかりたい点に**直列**につなぎます。
- 電源の＋極側を＋端子につなぎます。
- 電源の－極側を5Aのー端子につなぎます。

はじめは，最も大きい
ー端子につなぐんだね！

練習問題1　実習①について，次の問いに答えましょう。

(1) 電流計は，測定したい点に直列につなぎますか，並列につなぎますか。　　　　（　　　　　　　　）

図1

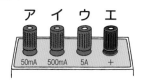

ア イ ウ エ
50mA 500mA 5A ＋

(2) 電流計で最初につなぐー端子を，図1のア～エから選びましょう。　　　　（　　　　　　　　）

図2
500mA端子

(3) 500mAのー端子につないだとき，電流計の針が図2のようになりました。電流の大きさは何mAですか。　　　　（　　　　　　　　）

実習 ② 電圧の大きさを調べる

電圧とは，回路に電流を流そうとするはたらきの大きさのことです。

電圧の単位には，**ボルト**(記号：V)を使います。

電圧の大きさは，電圧計を使って調べます。

ボルト！

V

電圧計

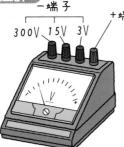

－端子

＋端子

300V　15V　3V

単1〜単4などの乾電池の電圧は，ふつう1.5Vだよ！

目盛りの読み方

- ・300Vの－端子のとき…160V
- ・15Vの－端子のとき…8.00V
- ・3Vの－端子のとき…1.60V

▶最小目盛りの $\frac{1}{10}$ まで読む。

電圧計のつなぎ方

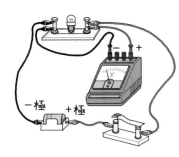

－極　＋極

・電圧計は，はかりたい区間に **並列**につなぎます。

・電源の＋極側を＋端子につなぎます。

・電源の－極側を300Vの－端子につなぎます。

はじめは，最も大きい－端子につなぐんだね！

練習問題 ②　実習②について，次の問いに答えましょう。

(1) 電圧計は，測定したい区間に直列につなぎますか，並列につなぎますか。　　（　　　　　　　　）

図1

ア　イ　ウ　エ

300V　15V　3V　＋

(2) 電圧計で最初につなぐ－端子を，図1の**ア〜エ**から選びましょう。　　（　　　　　　　　）

図2

3V端子

(3) 3Vの－端子につないだとき，電圧計の針が図2のようになりました。電圧の大きさは何Vですか。

（　　　　　　　　）

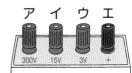

27 回路に流れる電流

回路と電流

豆電球を直列につないだときと，並列につないだときでは，電流の値にどんなちがいがあるのでしょうか。

1 直列回路の電流はどうなるの？

直列回路をつくり，**ア**，**イ**，**ウ**の電流の大きさ（$I_ア$，$I_イ$，$I_ウ$）を測定します。

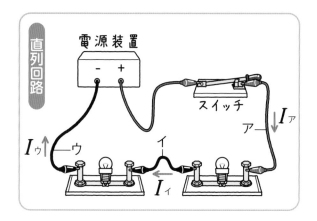

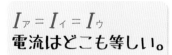

$I_ア = I_イ = I_ウ$
電流はどこも等しい。

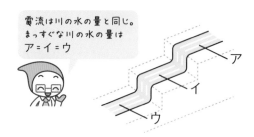

電流は川の水の量と同じ。
まっすぐな川の水の量は
ア＝イ＝ウ

直列回路では，電流の大きさは回路のどこでも等しいです。

2 並列回路の電流はどうなるの？

並列回路をつくり，**エ**，**オ**，**カ**，**キ**の電流の大きさ（$I_エ$，$I_オ$，$I_カ$，$I_キ$）を測定します。

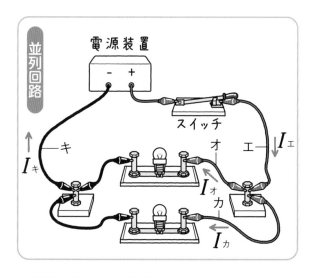

$I_エ = I_オ + I_カ = I_キ$
枝分かれする前や合流した後の電流と，枝分かれした電流の和は等しい。

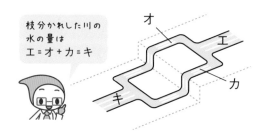

枝分かれした川の
水の量は
エ＝オ＋カ＝キ

並列回路では，枝分かれした電流の和と枝分かれする前の電流の大きさが等しいです。

「わからないをわかるにかえる」をお買い上げいただき、ありがとうございました。今後のよりよい本づくりのため、裏にありますアンケートにお答えください。

アンケートにご協力くださった方の中から、抽選で（年2回）、**図書カード1000円分**をさしあげます。（当選者は、ご住所の都道府県名とお名前を文理ホームページ上で発表させていただきます。）なお、このアンケートで得た情報は、ほかのことには使用いたしません。

《はがきで送られる方》

① 左のはがきの下のらんに、お名前など必要事項をお書きください。
② 裏にあるアンケートの回答を、右にある回答記入らんにお書きください。
③ 点線にそってはがきを切り離し、お手数ですが、左上に切手をはって、ポストに投函してください。

《インターネットで送られる方》

① 文理のホームページにアクセスしてください。アドレスは、

https://portal.bunri.jp

② 右上のメニューから「おすすめCONTENTS」の「わからないをわかるにかえる」を選び、クリックすると読者アンケートのページが表示されます。回答を記入して送信してください。上のQRコードからもアクセスできます。

はがきで送られる方はここを切り取ってください。

おそれいりますが、切手をおはりください。

162 0814

東京都新宿区新小川町4−1

（株）文理

「わからないをわかるにかえる」
アンケート係

ご住所	〒	都道府県	市区郡	— —		
			電話	— —		
お名前	フリガナ				男・女	学年
						年
お買上げ日	年 月	学習塾に □通っている □通っていない				

＊ご住所は町名・番地までお書きください。

1 　図のように，種類のちがう２つの豆電球をつないだ回路をつくり，回路に流れる電流の大きさを調べました。次の問いに答えましょう。

(1) 図のような豆電球のつなぎ方をする回路を何回路といいますか。
（　　　　　　　）

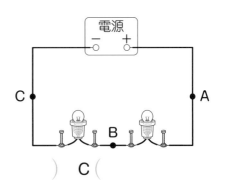

(2) 点Aを流れる電流が250mAのとき，①，②に答えましょう。
　① 点B，Cを流れる電流は何mA
ですか。　　B（　　　　　　）　C（　　　　　　　　）

　② 点A，B，Cを流れる電流をI_A, I_B, I_Cとしたとき，I_A, I_B, I_Cの間にはどのような関係がありますか。次のア，イから選びましょう。（　　　　　）
ア　$I_A=I_B+I_C$　　　　　イ　$I_A=I_B=I_C$

2 　図のように，種類のちがう２つの豆電球をつないだ並列回路をつくり，回路に流れる電流の大きさを調べました。点Aを流れる電流が250mAで，点Bを流れる電流が120mAのとき，次の問いに答えましょう。

(1) 点C，Dを流れる電流は何mAですか。
　　　C（　　　　　　）
　　　D（　　　　　　）

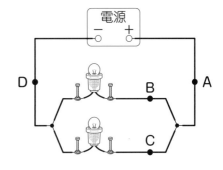

(2) 点A，B，C，Dを流れる電流をI_A, I_B, I_C, I_Dとしたとき，I_A, I_B, I_C, I_Dの間にはどのような関係がありますか。次のア，イから選びましょう。（　　　　　）
ア　$I_A=I_B+I_C=I_D$　　　　イ　$I_A=I_B=I_C=I_D$

 まとめ
□直列回路では，電流の大きさは回路のどこでも等しい。
□並列回路では，枝分かれした電流の和と枝分かれ前の電流の大きさが等しい。

28 回路に加わる電圧

回路と電圧

豆電球を直列につないだときと，並列につないだときでは，電圧の大きさにどんなちがいがあるのでしょうか。

① 直列回路の電圧はどうなるの？

直列回路のアイ間，ウエ間，アエ間の電圧の大きさ($V_{アイ}$，$V_{ウエ}$，$V_{アエ}$)を測定します。

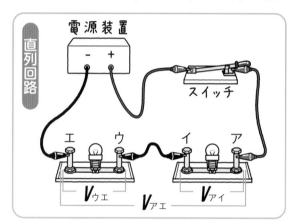

$V_{アエ} = V_{アイ} + V_{ウエ}$
各部分の電圧の大きさの和は，全体の電圧と等しい。

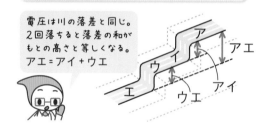

電圧は川の落差と同じ。2回落ちると落差の和がもとの高さと等しくなる。アエ＝アイ＋ウエ

直列回路では，各部分に加わる電圧の大きさの和が全体の電圧の大きさと等しいです。

② 並列回路の電圧はどうなるの？

並列回路のオコ間，カキ間，クケ間の電圧の大きさ($V_{オコ}$，$V_{カキ}$，$V_{クケ}$)を測定します。

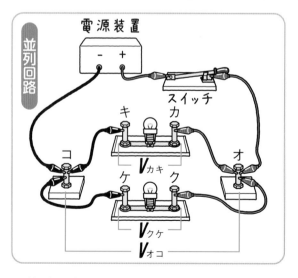

$V_{オコ} = V_{カキ} = V_{クケ}$
各部分の電圧は，全体の電圧と等しい。

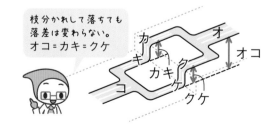

枝分かれして落ちても落差は変わらない。オコ＝カキ＝クケ

並列回路では，各部分に加わる電圧の大きさと，全体の電圧の大きさが等しいです。

→直列回路でも並列回路でも，全体の電圧は電源の電圧と等しくなるよ！

1　図のように，種類のちがう2つの豆電球を直列につなぎ，各部分の電圧を測定しました。電源の電圧Vが3.0Vで，AB間の電圧V_{AB}が1.8Vのとき，次の問いに答えましょう。

(1)　BC間の電圧V_{BC}と，AC間の電圧V_{AC}はそれぞれ何Vですか。

　　　　V_{BC} (　　　　　　　　　)

　　　　V_{AC} (　　　　　　　　　)

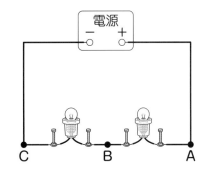

(2)　図の各部分の電圧V_{AB}，V_{BC}，V_{AC}の間にはどのような関係がありますか。次の**ア**，**イ**から選びましょう。

　　　　　　　　(　　　　　　　　)

ア　$V_{AB}+V_{BC}=V_{AC}$

イ　$V_{AB}=V_{BC}=V_{AC}$

2　図のように，種類のちがう2つの豆電球を並列につなぎ，各部分の電圧を測定しました。AB間の電圧V_{AB}が3.0Vのとき，次の問いに答えましょう。

(1)　点CD間の電圧V_{CD}，EF間の電圧V_{EF}はそれぞれ何Vですか。

　　　　V_{CD} (　　　　　　　　　)

　　　　V_{EF} (　　　　　　　　　)

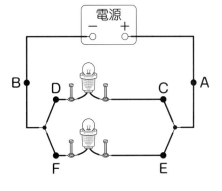

(2)　図の各部分の電圧V_{AB}，V_{CD}，V_{EF}の間にはどのような関係がありますか。次の**ア**，**イ**から選びましょう。

　　　　　　　　(　　　　　　　　)

ア　$V_{EF}=V_{AB}+V_{CD}$

イ　$V_{AB}=V_{CD}=V_{EF}$

□直列回路では，各部分の電圧の大きさの和が全体の電圧の大きさと等しい。

□並列回路では，各部分に加わる電圧の大きさと，全体の電圧の大きさが等しい。

実験の ページ 電流と電圧の関係

➡答えは別冊 p.10

実験① 電流と電圧の関係を調べる①

実験方法

① 　2つの抵抗器A，Bを用意します。
② 　右の図のような回路をつくり，
抵抗器Aに加える電圧の大きさを
2.0V，4.0V，6.0V，8.0V，10.0V
と変えて，抵抗器Aに流れる電流
の大きさを測定します。
③ 　抵抗器Aを抵抗器Bにかえて，
②と同じ実験をします。

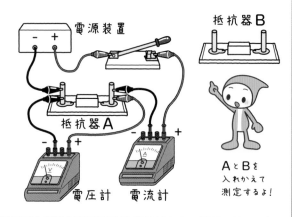

AとBを
入れかえて
測定するよ！

実験結果

	電圧〔V〕	0	2.0	4.0	6.0	8.0	10.0
電流〔A〕	抵抗器A	0	0.08	0.16	0.24	0.32	0.40
	抵抗器B	0	0.10	0.20	0.30	0.40	0.50

4.0V加えたとき，Aには0.16A，Bには0.20A
流れているね。

加える電圧の大きさが同じとき，抵抗器Aのほうが抵抗器B
よりも**流れる電流が小さい。**
→抵抗器Aは抵抗器Bよりも**電流が流れにくい。**

電流の流れにくさを抵抗（電気抵抗）といいます。
抵抗の単位には**オーム**（記号：**Ω**）を使います。

練習問題1

実験①について，次の問いに答えましょう。

⑴　電流の流れにくさのことを何といいますか。　　　（　　　　　　　）

⑵　⑴の単位には何を使いますか。その記号も答えましょう。

単位（　　　　　　　）

記号（　　　　　　　）

実験 ② 電流と電圧の関係を調べる②

実験①の実験結果をグラフに表してみます。

実験結果

電圧〔V〕		0	2.0	4.0	6.0	8.0	10.0
電流〔A〕	抵抗器A	0	0.08	0.16	0.24	0.32	0.40
	抵抗器B	0	0.10	0.20	0.30	0.40	0.50

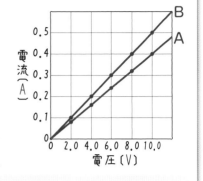

抵抗器を流れる電流の大きさは，それに加える電圧の大きさに比例する。
→この関係を，オームの法則という。

オームの法則は，式に表すことができます。

公式

①電圧〔V〕=抵抗〔Ω〕×電流〔A〕

②抵抗〔Ω〕= $\dfrac{電圧〔V〕}{電流〔A〕}$　　③電流〔A〕= $\dfrac{電圧〔V〕}{抵抗〔Ω〕}$

例① 抵抗器に 3.0V の電圧を加えると，0.1A の電流が流れました。
この抵抗器の抵抗は何Ωですか。

オームの法則の公式②にあてはめると，

抵抗〔Ω〕= $\dfrac{電圧〔V〕}{電流〔A〕}$ = $\dfrac{3.0〔V〕}{0.1〔A〕}$ =30〔Ω〕・・・答

 実験②について，次の問いに答えましょう。

図1
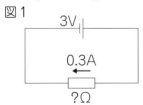

図2
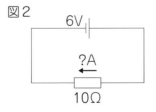

図3
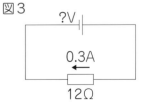

(1) 図1の回路で，抵抗器の抵抗は何Ωですか。　　　　　　　　（　　　　　）

(2) 図2の回路で，抵抗器に流れる電流は何Aですか。　　　　　（　　　　　）

(3) 図3の回路で，抵抗器に加わる電圧は何Vですか。　　　　　（　　　　　）

29 抵抗を直列につなぐと

2つの抵抗器を直列につなぐと，回路全体の抵抗はどうなるのでしょうか。

⭐ 抵抗器を直列につなぐと抵抗はどうなるの？

右の図のように，10Ωと20Ωの抵抗器を直列につないで，6.0Vの電圧を加えると，回路には，0.2Aの電流が流れました。

回路全体の抵抗は，オームの法則より，

$$抵抗 = \frac{電圧}{電流} = \frac{6.0〔V〕}{0.2〔A〕} = 30〔Ω〕　です。$$

これは，10Ωと20Ωの2つの抵抗の値の和になっています。

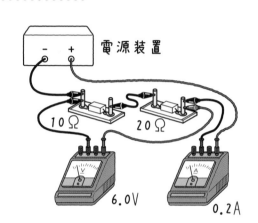

電源装置

10Ω　20Ω

6.0V　0.2A

公式

抵抗の大きさがR_A，R_Bの抵抗器を直列につなぐと，回路全体の抵抗の大きさRは，

たし算

$$R = R_A + R_B$$

→Rは抵抗の大きさを表す記号だよ。

例 1 抵抗の大きさが5Ωの抵抗器Aと10Ωの抵抗器Bを，右の図のように直列につなぎました。回路全体の抵抗は何Ωになりますか。

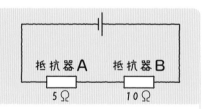

抵抗器A　抵抗器B

5Ω　　10Ω

直列回路では，回路全体の抵抗は，各抵抗器の抵抗の和になるので，

① 　　　　　Ω ＋ ② 　　　　　Ω ＝ ③ 　　　　　Ω・・・答

抵抗器Aの抵抗　　　　抵抗器Bの抵抗　　　　回路全体の抵抗

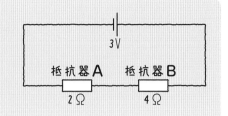

→答えは別冊 p.10

3 電流とその利用

例2 抵抗の大きさが2Ωの抵抗器Aと4Ωの抵抗器Bを，右の図のように直列につなぎました。電源の電圧が3Vのとき，回路に流れる電流は何Aですか。

直列回路では，回路全体の抵抗は，各抵抗器の抵抗の和になるので，

① ☐ Ω ＋ ② ☐ Ω ＝ ③ ☐ Ω

抵抗器Aの抵抗　　抵抗器Bの抵抗　　回路全体の抵抗

まず，回路全体の抵抗を求めるよ！

オームの法則より，回路に流れる電流は，

電流 ＝ ④ ☐ V / ⑤ ☐ Ω ＝ ⑥ ☐ A …答

次に，オームの法則を使って電流を求めるよ！

練習問題

1　2つの抵抗器を右の図のようにつないだところ，回路に0.3Aの電流が流れました。次の問いに答えましょう。

(1) 図のような抵抗器のつなぎ方を何といいますか。

（　　　　　　）

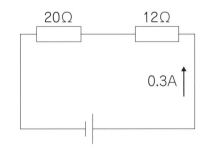

20Ω　12Ω　0.3A

(2) 右の図の回路全体の抵抗は，何Ωになりますか。

（　　　　　　）

(3) 右の図の回路の電源の電圧は何Vですか。

（　　　　　　）

　□2つの抵抗器（抵抗の大きさR_A，R_B）を直列につないだときの回路全体の抵抗の大きさRは，$R＝R_A＋R_B$になる。

〈左ページ例1の答え〉　①5　②10　③15　〈例2の答え〉　①2　②4　③6　④3　⑤6　⑥0.5

81

㉚ 抵抗を並列につなぐと

並列回路の抵抗

2つの抵抗器を並列につなぐと，回路全体の抵抗はどうなるのでしょうか。

⭐ 抵抗器を並列につなぐと抵抗はどうなるの？

右の図のように10Ωと40Ωの抵抗器を並列につないで，4.0Vの電圧を加えると，回路には，0.5Aの電流が流れました。

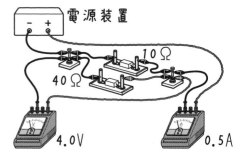

回路全体の抵抗は，オームの法則より，

$$抵抗＝\frac{電圧}{電流}＝\frac{4.0〔V〕}{0.5〔A〕}＝8〔Ω〕$$

となり，それぞれの抵抗器の抵抗より小さくなります。

公式

抵抗の大きさがR_A，R_Bの抵抗器を並列につなぐと，回路全体の抵抗の大きさRは，

分数

$$\frac{1}{R}＝\frac{1}{R_A}＋\frac{1}{R_B}$$

例1 抵抗の大きさが6Ωの抵抗器Aと12Ωの抵抗器Bを，右の図のように並列につなぎました。回路全体の抵抗Rは何Ωになりますか。

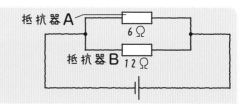

並列回路では，$\frac{1}{R}＝\frac{1}{R_A}＋\frac{1}{R_B}$と計算できるので，

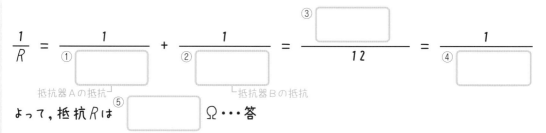

$$\frac{1}{R}＝\frac{1}{①\boxed{}}＋\frac{1}{②\boxed{}}＝\frac{③\boxed{}}{12}＝\frac{1}{④\boxed{}}$$

抵抗器Aの抵抗　　　　　　　抵抗器Bの抵抗

よって，抵抗Rは ⑤$\boxed{}$ Ω…答

→答えは別冊 p.11

例② 抵抗の大きさが2Ωの抵抗器Aと
6Ωの抵抗器Bを, 右の図のよう
に並列につなぎました。電源の電
圧が3Vのとき, 回路全体に流れ
る電流は何Aですか。

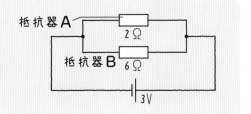

抵抗器A　2Ω
抵抗器B　6Ω
3V

回路全体の抵抗をRとすると,

$$\frac{1}{R} = \frac{1}{\boxed{①}} + \frac{1}{\boxed{②}} = \frac{\boxed{③}}{6}$$

抵抗器Aの抵抗　　　　　　　　　　　　　抵抗器Bの抵抗

$$R = 6 \div \boxed{④} = \boxed{⑤} \ \Omega$$

まず全体の
抵抗を!

次にオームの
法則!

オームの法則より, 電流 $= \dfrac{電圧}{抵抗} = \dfrac{3V}{\boxed{⑥}\ \Omega} = \boxed{⑦}$ A···答

練習問題

1 　2つの抵抗器を右の図のようにつないだところ, 回路に0.6Aの電流が流れ
ました。次の問いに答えましょう。

(1) 図のような抵抗器のつなぎ方を何と
いいますか。

　　　(　　　　　　　　　　)

(2) 右の図の回路全体の抵抗は, 何Ωに
なりますか。

　　　(　　　　　　　　　　)

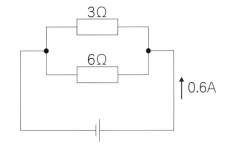

3Ω
6Ω
0.6A

(3) 右の図の回路の電源の電圧は何Vですか。

　　　　　　　　　(　　　　　　　　　　)

□2つの抵抗器を並列につないだときの回路全体の抵抗の大きさ
は, それぞれの抵抗器の抵抗より小さくなる。

〈左ページ例①の答え〉 ①6 ②12 ③3 ④4 ⑤4 〈例②の答え〉 ①2 ②6 ③4 ④4 ⑤1.5 ⑥1.5 ⑦2

③1 電気のはたらきの表し方

電力

電気器具のラベルについている「100V-900W」などの表示を見たことありますか？どんな意味があるのでしょうか。

① 電気のはたらきを表せるの？

電気がもつ，電球をつけたりモーターを回したりする能力を電気エネルギーといいます。

1秒間あたりに使われる電気エネルギーを電力といい，単位にはワット（記号W）を使います。1Vの電圧を加えて1Aの電流が流れたときに使われる電力が1Wです。

公式

電力は電圧と電流の積で表される。

$$電力〔W〕＝電圧〔V〕×電流〔A〕$$

$$電流＝\frac{電力}{電圧}$$

$$電圧＝\frac{電力}{電流}$$

② 電気器具はどれくらい電力を消費するの？

電気器具には，「100V-900W」などの表示があります。これは，家庭用の100Vの電源につないだとき900Wの電力を消費するという意味です。数値が大きいほどたくさんの電気エネルギーを使っていることになります。

知ッテル？
日本の家庭で使われているコンセントの電源の電圧は100Vです。各コンセントは並列つなぎになっているので，どのコンセントを使っても100Vの電圧を得ることができます。

電気器具が消費する電力の例

テレビ 100W
ノートパソコン 12W
ドライヤー 1200W
こたつ 500W
トースター 700W
せん風機 50W

→100Wのテレビと1200Wのドライヤーを同時に使うと，消費される電力は1300Wになるね。

➡答えは別冊 p.11

覚 えておきたい用語

□① 電気がもつ，熱を出したりものを動かしたりする能力のこと。

□② 1秒間に使われる電気エネルギー。電圧と電流の積で表される。

□③ 電力の単位Wの読み方。

練習問題

1 右の図は，身のまわりにある電気器具とそのラベルに示されていた数字を表したものです。次の問いに答えましょう。

(1) Aのテレビを100Vの電源を用いて使ったとき，何Wの電力が消費されますか。（　　　　　）

A

100V-84W

(2) A〜Cのうちで，100Vの電源を用いて使ったとき，消費される電力が最も大きいのはどれですか。記号で答えましょう。（　　　　　）

B

100V-40W

(3) BとCを100Vの電源を用いて同時に使うと，消費される電力は何Wになりますか。（　　　　　）

C

100V-1200W

(4) Bの電球を100Vの電源を用いて使ったとき，何Aの電流が流れますか。

（　　　　　　　）

 □電力は電圧と電流の積で表される。
電力〔W〕＝電圧〔V〕×電流〔A〕

32 電流が出す熱の量

電流と発熱

消費電力が700Wと900Wの電気ポットがあります。同じ質量の
お湯をわかす場合，どちらがはやく沸騰するでしょうか。

⭐ 電熱線の発熱量をふやすには？

水の上昇温度と電力や時間との関係を調べる実験

実験方法

①6V－6W，6V－9W，6V－18Wの3種
類の電熱線を用意します。

②右の図のような回路をつくり，電熱線
に6Vの電圧を加えて，1分ごとの水の
上昇温度をそれぞれの電熱線について
調べます。

電源
温度計
こっちも使うよ！
発泡ポリスチレンのカップ
発泡ポリスチレンの板

実験結果

		1分後	2分後	3分後	4分後	5分後
上昇温度（℃）	6V－6W	0.7	1.4	2.2	2.9	3.6
	6V－9W	1.1	2.2	3.3	4.4	5.5
	6V－18W	2.2	4.4	6.6	8.8	11.0

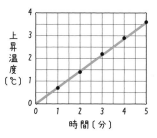

6V－6Wの電熱線

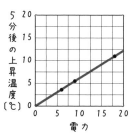

- 水の上昇温度は電流を流す時間に**比例**する。
- 水の上昇温度は電力に**比例**する。

水の上昇温度は
発生した熱量に
比例するよ。

電熱線に電流を流したとき発生した熱の量を**熱量**といい，電力と時間の積で表されます。
熱量の単位には**ジュール**（記号J）を用います。

熱を発生しない電気器具（せん風機やそうじ機など）でも電気エネルギーは消費されてい
て，電力と時間の積で表されます。これを**電力量**といいます。

公式

$$熱量〔J〕＝電力〔W〕×時間〔s〕$$
$$電力量〔J〕＝電力〔W〕×時間〔s〕$$

 知ッテル？

電気料金は1か月に使った電力
量で決まります。このとき，時間の
単位は時（h）を使うので，電力
量の単位は，kWhとなります。

→sは秒のことだよ。

➡答えは別冊 p.11

覚 えておきたい用語

□①電熱線に電流を流したとき，電熱線から発生する熱の量。電力と時間の積
で表される。

□②電気器具などで消費される電気エネルギーの量。電力と時間の積で表され
る。

□③熱量や電力量の単位Jの読み方。

1 右の図のような回路で，⑦6V－6W，⑦6V－18Wの電熱線に6Vの電圧を加
えて5分間電流を流し，水の上昇温度を調べました。表はその結果を表したも
のです。次の問いに答えましょう。

(1) 5分間の水の上昇温度が大きかったの
は，⑦，⑦のどちらですか。

(　　　　)

(2) 5分間で発生した熱量が大きかった電
熱線は，⑦，⑦のどちらですか。

(　　　　)

(3) 電熱線に電流を流す時間が長いほど，
発生する熱量はどうなりますか。

(　　　　)

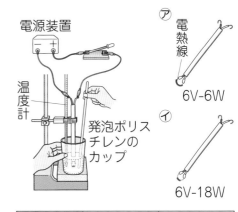

	開始前の水温	5分後の水温
⑦6V－6W	16.0℃	20.4℃
⑦6V－18W	16.0℃	29.0℃

(4) ⑦の電熱線に6Vの電圧を60秒間加えたときの電力量は何Jですか。

(　　　　)

□熱量〔J〕＝電力〔W〕×時間〔s〕
□電力量〔J〕＝電力〔W〕×時間〔s〕

33 電磁石！N極はどう決まる

電流と磁界

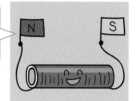

> 電磁石は電流の流れる向きを変えるとN極とS極が入れかわりました。電磁石のN極やS極はどのように決まるのでしょうか。

1 磁石の力には向きがあるの？

磁石の力を磁力といい，磁力がはたらく空間を磁界といいます。

磁界の中に方位磁針を置いたとき，N極が指す向きを磁界の向きといいます。また，磁界の向きを線でつないだもの（右の図の――►）を磁力線といいます。

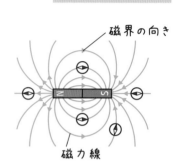

磁界の向き

磁力線

磁力線
・N極から出てS極に入る。　　　・途中で交わらない。
・間隔がせまいほど磁力が強い。　・途中で消えない。

2 コイルのまわりに磁界はあるの？

導線に電流が流れると，導線のまわりに磁界ができます。

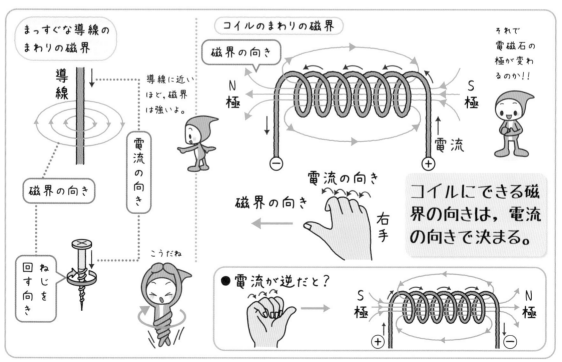

まっすぐな導線のまわりの磁界

導線

導線に近いほど，磁界は強いよ。

電流の向き

磁界の向き

ねじを回す向き

こうだね

コイルのまわりの磁界

磁界の向き

N極　　　S極

電流

それで電磁石の極が変わるのか！！

電流の向き

磁界の向き

右手

コイルにできる磁界の向きは，電流の向きで決まる。

●電流が逆だと？

S極　　　N極

覚 えておきたい用語

□①磁力がはたらいている空間。

□②N極からS極に向かう磁界を，線と矢印で表したもの。

□③磁界の中で，方位磁針のN極が指す向き。

練 習 問 題

1　右の図のようにコイルに電流を流しました。次の問いに答えましょう。

(1)　図の方位磁針のN極が指す向きのことを何といいますか。

（　　　　　　　　）

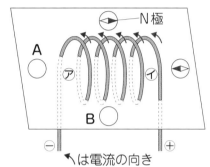

(2)　図のAの方位磁針はどの向きを指しますか。次のア～エから選びましょう。

（　　　　　　　　）

 ア　　　　　 イ　　　　　 ウ　　　　　 エ

(3)　図のBの方位磁針はどの向きを指しますか。(2)のア～エから選びましょう。

（　　　　　　　　）

(4)　コイルの端の⑦と⑦で，N極になっているのはどちらですか。（　　　　）

(5)　図のコイルにできる磁界の向きを反対にするには，どうすればよいですか。

（　　　　　　　　　　　　　　　　　）

 まとめ　　□磁力がはたらく空間を磁界といい，磁界の中に置いた方位磁針のN極が指す向きを磁界の向きという。

実験の ページ 電流が磁界の中で受ける力

➡答えは別冊 p.12

実験 ① 磁界の中の電流が受ける力を調べる①

実験方法

右の図のような装置で，コイルに電流を流したときのコイルの動きを調べます。

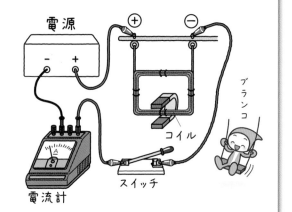

実験結果

> コイルが動いた。
> → 磁界の中を流れる電流は，
> 　**力**を受ける。

磁界の中を流れる電流が受ける力の向きは，電流の向きにも磁界の向きにも垂直になっています。

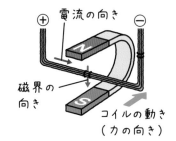

知ってる?

モーターは磁石とコイルでできていて，コイルを流れる電流が磁界から受ける力を利用して回転し続けるしくみになっています。

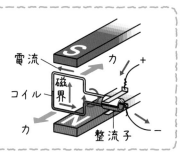

練習問題 1　実験①について，次の問いに答えましょう。

(1) 磁界の中でコイルに電流を流すと，コイルは動きますか。

（　　　　　　　　　　　　）

(2) 磁界の中を流れる電流が受ける力の向きは，何の向きに垂直になっていますか。2つ答えましょう。

（　　　　　　　　）（　　　　　　　　）

実験 ② 磁界の中の電流が受ける力を調べる②

実験方法

実験①の装置を，次のように変えたときのコイルの動きを調べます。

❶ 電流の向きを逆にする。

❷ 磁石の極を入れかえる。

❸ 電流の向きを逆にして，磁石の極を入れかえる。

❹ 電流の大きさを大きくする。

実験結果

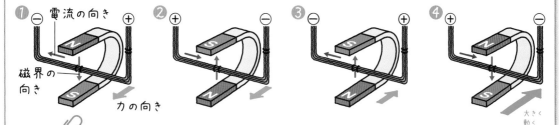

❶ 電流の向きを逆にすると，電流が受ける力の向きは**逆になる。**

❷ 磁石の極を入れかえると，電流が受ける力の向きは**逆になる。**

❸ 電流の向きと磁石の極の両方を変えると，電流が受ける力の向きは
もとと同じになる。

❹ 電流を大きくすると，電流が受ける力は**大きくなる。**

練習問題 ②

実験②について，実験①の装置を，次の①～④のように条件を変えたとき，コイルの動きはどのようになりますか。それぞれ下のア～ウから選びましょう。

① コイルに流れる電流を逆向きにする。 （　　　）

② 磁石のN極とS極を入れかえる。 （　　　）

③ コイルに流れる電流を逆向きにし，磁石のN極とS極を入れかえる。

（　　　）

④ コイルに流れる電流を大きくする。 （　　　）

ア 同じ向きに動く。

イ 逆向きに動く。

ウ 大きく動く。

③④ コイルの中で磁石を動かすと

電磁誘導

コイルの中で磁石を回転させると，発電することができます。どんなしくみで発電するのでしょうか。

これでつくの？

⭐ コイルと磁石で，電流をつくれるの？

コイルと磁石を使って電流を発生させる実験

実験方法

コイルに磁石のN極を入れ，電流が発生するかどうかを調べます。

次のような場合についても調べます。
①N極をコイルから出す。
②S極をコイルに入れる。
③S極をコイルから出す。
④N極をコイルに入れたままにする。

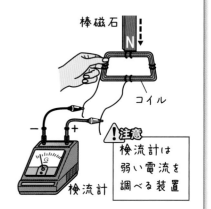

棒磁石

コイル

－　＋

⚠注意
検流計は弱い電流を調べる装置

検流計

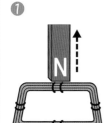 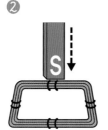 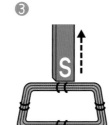 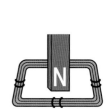

実験結果

N極を入れる	①N極を出す	②S極を入れる	③S極を出す	④N極を入れたままにする
－に振れた	＋に振れた	＋に振れた	－に振れた	動かない

コイルの中の磁界が変化すると，電流が発生する。

コイルの中の磁界が変化したときに電圧が生じて電流が流れることを，**電磁誘導**といい，電磁誘導によって発生する電流を**誘導電流**といいます。

誘導電流は，磁石の動きが速いほど，コイルの巻数が多いほど大きくなります。

→発電機は，コイルの中で磁石が回転するしくみになっているよ。これによってコイルの中の磁界が変化して，誘導電流が発生するんだ。

えておきたい用語

□①コイルの中の磁界が変化したときに，電圧が生じて電流が流れること。

□②電磁誘導によって流れる電流のこと。

練習問題

1　図のように，磁石のN極をコイルに入れると電流が流れました。次の問いに答えましょう。

(1)　次のとき，コイルに電流は流れますか。
それぞれ下の**ア**〜**ウ**から選びましょう。

検流計　　　棒磁石
コイル

① 　磁石のN極をコイルから出す。
（　　　）

② 　磁石のS極をコイルに入れる。
（　　　）

③ 　磁石のS極をコイルに入れたまま動かさない。　　　（　　　）

ア　図のときと同じ向きに流れる。
イ　図のときと逆向きに流れる。
ウ　流れない。

(2)　コイルに流れる電流を大きくする方法を，次の**ア**〜**エ**から2つ選びましょう。
（　　　　　　）

ア　磁石をゆっくり動かす。　　**イ**　磁石をすばやく動かす。
ウ　コイルの巻数を多くする。　**エ**　コイルの巻数を少なくする。

□コイルの中の磁界が変化したとき，コイルに電圧が生じることを電磁誘導といい，そのとき流れる電流を誘導電流という。

35 ＋と－が入れかわる電流があるの？

直流と交流

> 乾電池の電流と，家庭用のコンセントの電流にはどのようなちがいがあるのでしょうか。

電圧のほかどんなちがいが
100v
1.5v

1 直流ってどんな電流？

　＋極と－極が決まっている乾電池から流れる電流のように，いつも同じ向きに流れる電流を**直流**といいます。

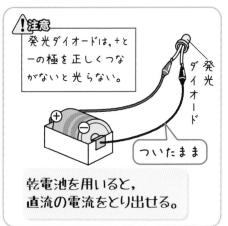

⚠注意
発光ダイオードは，＋と－の極を正しくつながないと光らない。

発光ダイオード

ついたまま

乾電池を用いると，直流の電流をとり出せる。

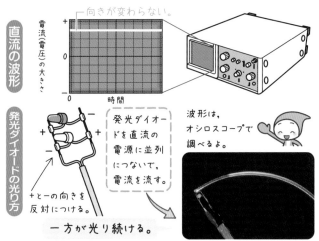

直流の波形

電流（電圧）の大きさ
向きが変わらない。
時間

発光ダイオードの光り方

発光ダイオードを直流の電源に並列につないで，電流を流す。

＋と－の向きを反対につける。

一方が光り続ける。

波形は，オシロスコープで調べるよ。

2 交流ってどんな電流？

　家庭のコンセントから流れる電流は，周期的に電流の向き（＋極⟷－極）が変わります。このような電流を**交流**といいます。

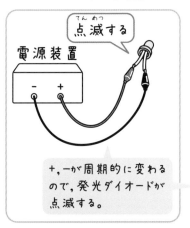

点滅する

電源装置
－　＋

＋，－が周期的に変わるので，発光ダイオードが点滅する。

交流の波形

電流（電圧）の大きさ
1周期
向きが変わる。
時間

発光ダイオードの光り方

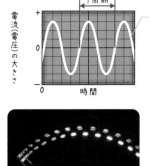

直流
DC

交流
AC

　交流の波が1秒間にくり返される回数を**周波数**といい，単位には**ヘルツ**（記号Hz）を使います。日本の家庭で使う電源の周波数は，東日本で**50Hz**，西日本で**60Hz**です。

→電気製品のコンセントのところについているACアダプターって知ってるかな？これは交流を直流に変換する装置なんだ。

➡答えは別冊 p.12

覚 えておきたい用語

□①乾電池から流れる電流。電流の向きが変わらない。

□②家庭のコンセントから流れる電流。電流の向きが周期的に変わる。

□③交流で1秒間にくり返す波の回数。

□④周波数の単位Hzの読み方。

練習問題

1 　下の図は，直流，交流どちらかの電流の時間変化をオシロスコープに表示したものです。あとの問いに答えましょう。

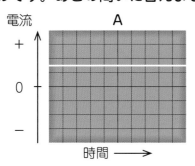

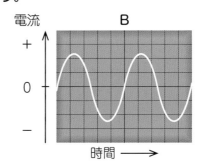

(1) 電流の向きが周期的に変わっているのは，A，Bのどちらですか。

（　　　　）

(2) A，Bはそれぞれ，直流，交流どちらの電流のようすを表したものですか。

A（　　　　）　B（　　　　）

(3) 発光ダイオードをつないだときに点滅するのは，A，Bのどちらですか。

（　　　　）

まとめ 　□電流には，いつも同じ向きの直流と，周期的に向きが変わる交流がある。

36 静電気の正体

冬にドアノブに手を近づけると，静電気がバチッとくるときがありますね。静電気とはどんなものなのでしょうか。

⭐ ティッシュペーパーでストローをこすると？

ティッシュペーパーで2本のストローをこする実験をします。

こする前，ティッシュペーパーもストローも，電気を帯びていません。しかし，こするとティッシュペーパーがもっていた−の電気を帯びたものの一部がストローに移動します。その結果，ティッシュペーパーは＋の電気を帯び，ストローは−の電気を帯びます。

2種類の物体をこすること(摩擦)によって生じる電気を**静電気**といいます。

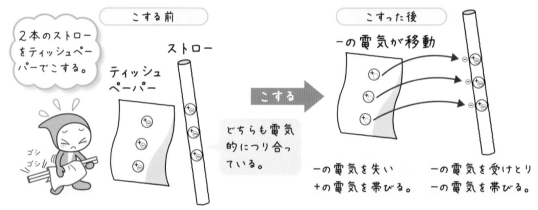

→ちがう種類の電気(＋と−)は引きつけ合う。

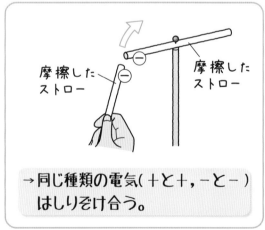

→同じ種類の電気(＋と＋，−と−)はしりぞけ合う。

この実験で，ティッシュペーパーからストローに移動した，−の電気をもつものを**電子**といいます。

→ヒトの体と服の摩擦で，体が静電気を帯びます。この状態でドアノブなどに手を近づけると，バチッときます。

覚 えておきたい用語

□①2種類の物体の摩擦によって生じる電気。

□②2種類の物体をこすり合わせたとき，一方からもう一方に移動する－の電

気をもつもの。

練 習 問 題

1 　右の図のように，ストローＡ，Ｂをティッシュペーパーでこすりました。次
の問いに答えましょう。

(1)　ストローＡにストローＢを近
づけると，どうなりますか。次
のア〜ウから選びましょう。
（　　　　）

ティッシュペーパー
でストローＡと
ストローＢをこする。

ストローＡ

ストローＢ

ア　引きつけ合う。
イ　しりぞけ合う。
ウ　どちらも動かない。

(2)　ストローＡにティッシュペー
パーを近づけると，どうなりま
すか。(1)のア〜ウから選びま
しょう。（　　　　）

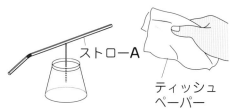

ストローＡ

ティッシュ
ペーパー

(3)　こすった後のティッシュペーパーとストローについて，次のア，イから正し
いものを選びましょう。
（　　　　）

ア　ティッシュペーパーとストローは同じ種類の電気を帯びている。
イ　ティッシュペーパーとストローはちがう種類の電気を帯びている。

□2種類の物体をこすり合わせると，－の電気をもった電子が移
動して静電気が生じる。

37 電子の流れ

電子線

雷が落ちるときピカッと稲妻が光りますね。あの光の正体はいったい何なのでしょうか。

1 空間を電流が流れる？

電気が空間を移動したり，たまっていた電気が流れ出したりすることを放電といいます。

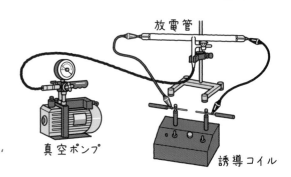

放電管の中の空気をぬいて大きな電圧を加えると，放電管の中に電流が流れます。このように，気圧が低くなったところで電流が流れることを，真空放電といいます。

→雷は，雲にたまった静電気が地表などに放電する現象だよ。

2 電流の正体は？

放電管に電圧を加えると光のすじが見られます。これを電子線(陰極線)といいます。

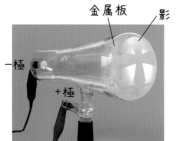

＋字形の金属板
影
－極
＋極

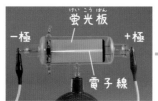

蛍光板
－極
＋極
電子線

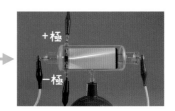

＋極
－極

＋字形の金属板の影ができる。

→電流のもとになるものは，

－極から＋極に向かう。

上下方向に電圧を加えると，＋極側に引きつけられる。

→電子線は，－の電気をもつものの流れ。

わー
曲がった！

電子線は－極から＋極に向かって移動し，－の電気をもった小さな粒子の流れであることがわかります。この小さな粒子を電子といいます。

→電流は，電子が－極から＋極に移動することによって，＋極から－極に流れるんだよ。少しややこしいね…

➡答えは別冊 p.13

覚えておきたい用語

□①気圧が低い空間を電流が流れること。

□②放電管に大きな電圧を加えたとき，－極から＋極に向かう－の電気をもった粒子。

□③放電管の中を電子が移動することでできる光のすじ。

1 放電管に大きな電圧を加えたところ，図１の㋐のような光のすじが見られました。図２は，放電管の上下の電極板に電圧を加えたときのようすです。次の問いに答えましょう。

⑴ 図１の光のすじ㋐のことを何といいますか。
（　　　　　　　）

⑵ 光のすじ㋐は何の流れですか。
（　　　　　　　）

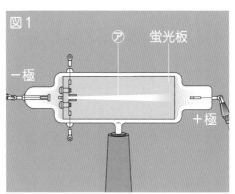

図１
㋐　蛍光板
－極
＋極

⑶ 図２のように，電極板の上下にも電圧を加えたところ，光のすじは上方向に曲がりました。⑵にはどんな性質がありますか。ア～ウから選びましょう。
（　　　　　　　）

ア　＋の電気をもつ。
イ　－の電気をもつ。
ウ　磁石に引きつけられる。

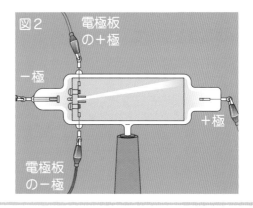

図２
電極板の＋極
－極
＋極
電極板の－極

□電子線は，－極から＋極に向かう－の電気をもった電子の流れである。
□電流は，電子が移動することで発生する。

まとめのテスト

➡答えは別冊 p.13

1 下の図1のように，2つの豆電球 a，b を直列につないだ回路をつくり，6Vの電圧を加えました。あとの問いに答えなさい。

7点×3(21点)

図1

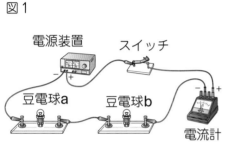

(1) 上の図1の回路を，右の▢の中に電気用図記号を使った回路図で表しなさい。

(2) 電流計には，5A，500mA，50mA の3つの−端子があります。回路を流れる電流がわからないとき，最初はどの端子につなぎますか。

図2

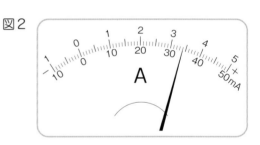

（　　　　　　　　）

(3) 回路に流れる電流を測定したところ，電流計の−端子が500mA を用いたとき，図2のようになりました。何mAですか。

（　　　　　　　　）

2 オームの法則を用いて，次の回路図で，①の電流，②の抵抗，③の電圧を求めなさい。

9点×3(27点)

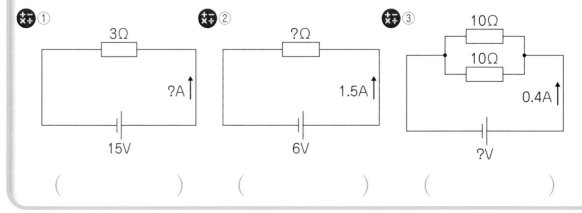

（　　　　　　　　）　（　　　　　　　　）　（　　　　　　　　）

3 下の図のように，磁界の中のコイルに電流を流したところ，コイルは ⟸ の向きに動きました。①〜③のように電流の向きや磁石の極を入れかえると，コイルはそれぞれア，イのどちらに動きますか。 7点×3(21点)

 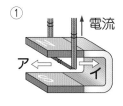 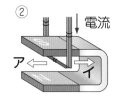 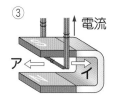

( ) ( ) ( )

4 右の図のように，コイルに棒磁石のS極を近づけたところ，検流計の針が振れました。これについて，次の問いに答えなさい。 5点×2(10点)

(1) コイルの中で磁石を動かしたときに流れる電流のことを何といいますか。

( )

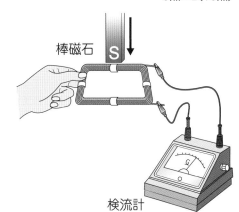

(2) 右の図のとき，検流計の針が右に振れました。次のア〜ウで，針が右に振れるのはどのときですか。 ( )

ア コイルにN極を近づける。

イ コイルからN極を遠ざける。

ウ コイルにS極を入れたままにする。

5 右の図は，放電管に大きな電圧を加えたときのようすです。次の問いに答えなさい。

7点×3(21点)

(1) このときに見えた明るい線を何といいますか。 ( )

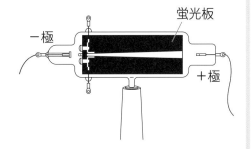

(2) (1)の線は，どちらの極からどちらの極に向かいますか。

(極から) 極へ

(3) (1)の線は，電子の流れであることがわかっています。電子は，＋，－どちらの電気をもっていますか。

( )

特集 放射線を知ろう！

放射線に関係した用語

放射線　　　…X線，α線，β線，γ線など。
放射性物質　…放射線を出す物質。ウランなど。
放射能　　　…放射線を出す能力。

放射線は自然界にも存在するんだ。自然放射線というよ。

放射線の性質

・目に見えない。
・物体を通りぬける。
・原子の構造を変えることがある。
・細胞を傷つけることがある。

〈放射線の種類と透過力（物質を通りぬける性質）〉

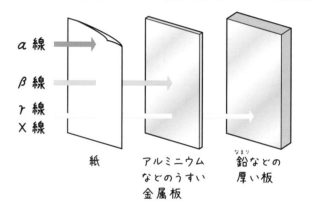

α線
β線
γ線
X線

紙　　アルミニウムなどのうすい金属板　　鉛などの厚い板

放射線の利用例

〈医療〉

・レントゲン撮影
・がんなどの放射線治療
・器具の滅菌

骨折すると，レントゲン撮影をするよね。

〈農業〉

・ジャガイモの発芽をおさえる。
・害虫の駆除

〈工業〉

・自動車のタイヤを強くする
・手荷物検査

飛行機に乗る前には，手荷物検査を受けるよ。

放射線は大量にあびると人体に健康被害が
およぶため，安全に利用できるように，管理などに十分に注意する必要があります。

天気とその変化

4

天気のことわざ の巻

この章では,
「気象観測」「天気の変化」
「日本の天気」「雲のでき方」
などについて学習します。

㊳ 気象の調べ方・表し方

気象観測

新聞の天気らんを見たことがありますか？そこに示されている記号には，どんな意味があるのでしょうか。

ん〜？

❶ 気象はどうやって調べるの？

気圧，気温，湿度，風向，風速(風力)，雨量(降水量)などの気象要素を観測します。

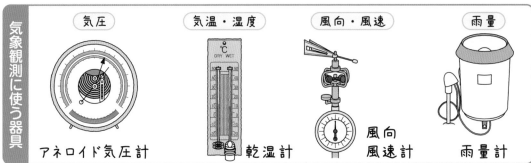

気象観測に使う器具

気圧	気温・湿度	風向・風速	雨量
アネロイド気圧計	乾湿計	風向風速計	雨量計

▶気圧の単位はヘクトパスカル(hPa)
▶湿度は空気の湿りぐあい。単位は％
▶風向は風がふいてくる方位。

❷ 天気図ってどういうきまりでかかれてるの？

観測された気象要素を決められた記号(天気図記号)を用いて，地図上にかいたものを天気図といいます。

天気の決め方・表し方

天気は空全体を10としたときの，雲の占める割合(雲量)で決められます。

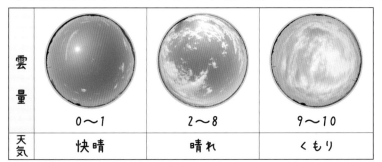

雲量	0〜1	2〜8	9〜10
天気	快晴	晴れ	くもり

天　気	記号
快晴	○
晴れ	◐
くもり	◎
雨	●
雪	⊗

天気図記号

天気は「晴れ」
風向は「北東」
風力は「3」だね。

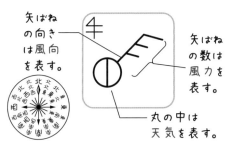

矢ばねの向きは風向を表す。

矢ばねの数は風力を表す。

丸の中は天気を表す。

風力	記号	風力	記号
0	○	5	○\\\\\\
1	○ヽ	6	○\\\\\\\
2	○\\	7	○\\\\\\\\
3	○\\\	⋮	⋮
4	○\\\\	12	○⫻⫻⫻

覚えておきたい用語

□①気象要素のうち，空気の湿りけを表すもの。単位は％を用いる。

□②気象要素のうち，風がふいてくる方位を示すもの。

□③気圧の単位hPaの読み方。

□④雲量2～8のときの天気。

練習問題

1　下の図1は，ある地点での空全体のようすを撮影したもので，図2はその地点での気象要素を天気図記号を用いて表したものです。ただし，天気の部分は記入されていません。あとの問いに答えましょう。

図1
雲量10

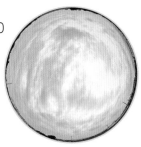

図2

(1)　図1より，この地点の天気を答えましょう。また，その天気の記号を図2にかきこみましょう。　　　　　　　　　　　　　　　　（　　　　　　　）

(2)　この地点での風力はいくつですか。　　　　　　　　　　（　　　　　　　）

(3)　この地点での風はどちらの方位からふいていますか。次のア～エから選びましょう。　　　　　　　　　　　　　　　　　　　　　　（　　　　　　　）
　ア　南東　　　イ　南西　　　ウ　北西　　　エ　北東

　□雲量が0～1は快晴，2～8は晴れ，9～10はくもり。
　□風向は風がふいてくる方位。

㊴ 天気と気温・湿度の変化

気温と湿度

> 晴れの日は，朝や夜は気温が低く，昼間は気温が高いことを体感できます。実際に気温や湿度はどう変化しているのでしょうか。

❶ 湿度はどんなふうに求めるの？

湿度は乾湿計を使って，次のように求めることができます。

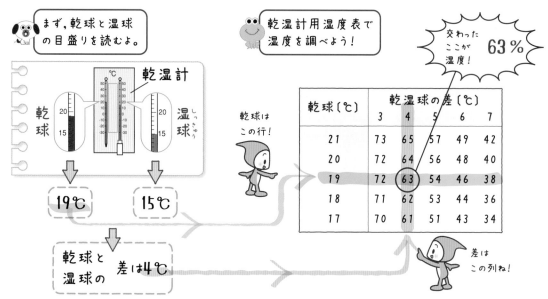

まず，乾球と温球の目盛りを読むよ。

乾湿計用湿度表で湿度を調べよう！

交わったここが湿度！ 63%

乾球はこの行！

差はこの列ね！

乾球〔℃〕	乾湿球の差〔℃〕				
	3	4	5	6	7
21	73	65	57	49	42
20	72	64	56	48	40
19	72	63	54	46	38
18	71	62	53	44	36
17	70	61	51	43	34

19℃　15℃

乾球と温球の差は4℃

❷ 晴れの日とくもりや雨の日で気温や湿度はどうちがうの？

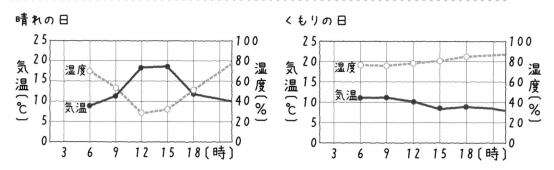

晴れの日

くもりの日

■晴れの日…気温は日の出とともに上昇し，正午すぎに最も高くなります。その後，しだいに下がり，明け方最も低くなります。

湿度は，気温が上がると低くなり，気温が下がると高くなります。

■くもりや雨の日…気温も湿度も変化が小さいです。

→晴れの日の気温は，太陽が最も高くなる正午よりも後に最高になるんだ。これは太陽であたためられた地面によって空気があたためられるからだよ。

例①　乾湿計が右の図のようになりました。このとき
の湿度は何％ですか。

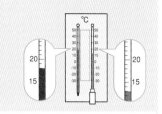

乾球の読みは ① ［　　　　　］℃

湿球の読みは ② ［　　　　　］℃

その差は ③ ［　　　　　］℃なので，湿度は

右の湿度表から ④ ［　　　　　］％…答

乾球〔℃〕	乾湿球の差〔℃〕				
	3	4	5	6	7
21	73	65	57	49	42
20	72	64	56	48	40
19	72	63	54	46	38
18	71	62	53	44	36
17	70	61	51	43	34

1　下の図は，ある日の気温と湿度の変化を表したグラフです。あとの問いに答
えましょう。

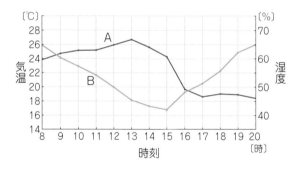

(1)　この日の天気は，次のア，イのどちらでしたか。　　　（　　　　）
　　ア　晴れ　　　　　　イ　くもり

(2)　気温の変化を表しているのは，A，Bのうちどちらのグラフですか。

（　　　　）

(3)　晴れた日に，気温が高くなると，湿度はどうなりますか。

（　　　　）

まとめ　□晴れの日は，正午すぎに最高気温になり，明け方に最低気温に
なる。

㊵ 押されたときの力

圧力

雪の上を歩くと，足が沈みこむことがありますが，スキーの板を
つけると沈みこみませんね。なぜでしょうか。

★ 力の大きさと面積には関係があるの？

スポンジに物体をのせると，のせ方
によってへこみ方がちがいます。

これは，スポンジを押している面積
にちがいがあるからです。

一定の面積にはたらく力の大きさを
圧力といいます。圧力の単位には，
パスカル（記号：Pa）などを使います。

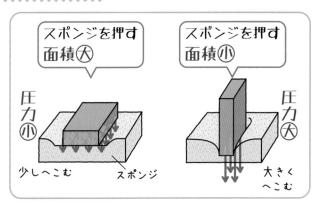

公式

$$圧力（Pa）= \frac{面を押す力の大きさ（N）}{力がはたらく面積（m^2）}$$

面を垂直に押す力の大きさを考えるよ！

プラス**ワン**

圧力の単位
・ニュートン毎平方メートル
$$1N/m^2 = 1Pa$$
・ヘクトパスカル
$$1hPa = 100Pa$$

ヘクトパスカルは
天気観測の単元に
出てきた！

例① 質量1.2kgの物体を4m²の面が下になるように置きました。圧力は何Pa？

質量1.2kg（1200g）の物体にはたらく重力の大きさは12Nなので，面を押す力の
大きさは12N。力がはたらく面積は4m²なので，圧力は，

$$\frac{① \boxed{}（N）}{② \boxed{}（m^2）} = ③ \boxed{}（Pa）\cdots 答$$

単位に注意！！
力はN，面積はm²だよ。

圧力は，面全体にはたらきます。同じ大きさの力でも，はたらく面積が大きいほど圧力
は小さくなります。

→スキーの板は，雪に接する面積を大きくして，圧力を小さくしているんだ。だから，雪に沈みこまないんだね。

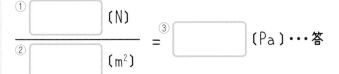

覚 えておきたい用語・公式

□①一定の面積にはたらく力の大きさのこと。

□②圧力の単位。記号はPa。

□③圧力〔Pa〕= $\dfrac{\text{面を押す}\boxed{\text{ア}}\text{〔N〕}}{\text{力がはたらく}\boxed{\text{イ}}\text{〔m}^2\text{〕}}$

ア

イ

練習問題

1　圧力について，次の問いに答えましょう。ただし，質量100gの物体にはたらく重力の大きさを1Nとします。

⑴　スポンジの上に水の入ったペットボトルをのせます。下の図のアとイで，スポンジのへこみ方が大きいのはどちらですか。　（　　　）

ア

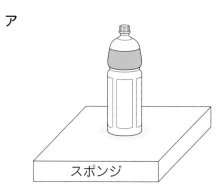

イ

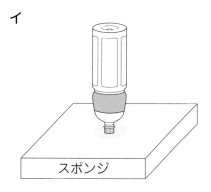

⑵　10Nの力で2m²の板を垂直に押しているとき，板に加わる圧力は何Paですか。
（　　　）

⑶　質量が600g，底面積が0.6m²の物体を板の上に置いたとき，物体が板に加える圧力は何Paですか。　（　　　）

まとめ　□圧力〔Pa〕= $\dfrac{\text{面を押す力の大きさ〔N〕}}{\text{力がはたらく面積〔m}^2\text{〕}}$

41 空気による力

大気圧

> お菓子の袋を持って高い山に登ると，袋がふくらんでいました。
> 袋の中身は変わっていないのに，なぜふくらんだのでしょうか。

⭐ 空気による圧力もあるの？

　空気にも重さがあり，物体を押しています。空気の重さによる圧力を**大気圧（気圧）**といいます。

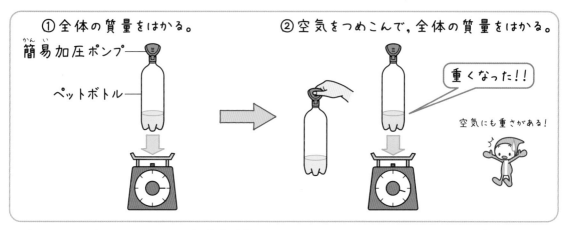

① 全体の質量をはかる。

簡易加圧ポンプ
ペットボトル

② 空気をつめこんで，全体の質量をはかる。

重くなった！！

空気にも重さがある！

　海面での大気圧の大きさは約**1気圧**です。高いところほど，上空の空気が少なくなるので，大気圧は小さくなります。大気圧は，すべての方向からはたらいています。

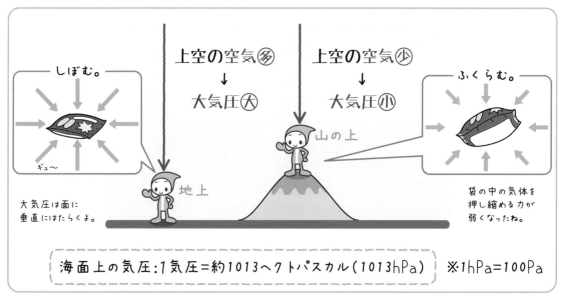

しぼむ。

ギュ〜

大気圧は面に垂直にはたらくよ。

上空の空気⊛
↓
大気圧⊛

上空の空気⊛
↓
大気圧⊛

地上

山の上

ふくらむ。

袋の中の気体を押し縮める力が弱くなったね。

海面上の気圧：1気圧＝約1013ヘクトパスカル（1013hPa）　※1hPa＝100Pa

→海面上では1m²あたり約100000Nの力がはたらいているよ。これは約1万kgの空気にはたらく重力と同じなんだ。こんなに大きな力で押さえられたら，お菓子の袋もふくらまないよね。

➡答えは別冊 p.14

覚 えておきたい用語

□①空気の重さによる圧力。

1 空気による圧力について，次の問いに答えましょう。

(1) 空気には，重さがありますか。 （　　　　　　）

(2) 大気圧について，次のア〜エから正しいものをすべて選びましょう。

（　　　　　　）

ア 上下の方向だけからはたらく。
イ すべての方向からはたらく。
ウ 大気圧の大きさは，上空にある空気の重さに関係している。
エ 大気圧の大きさは，空気中にある物体の体積に関係している。

(3) 海面上と山の上で，大気圧が大きいのはどちらですか。

（　　　　　　）

(4) 海面上での大気圧の大きさは約何気圧ですか。

（　　　　　　）

(5) 1気圧とほとんど同じ大きさなのは，次のア，イのどちらですか。

（　　　　　　）

ア 1013Pa
イ 1013hPa

(6) 気圧の単位に使われるhPaの読み方を答えましょう。

（　　　　　　）

□空気には重さがある。
□大気圧はすべての方向からはたらく。

42 高気圧と低気圧！風はどこへふく

気圧と風

風のふく方向や，風の強さはいつも決まっているわけではありません。どのように決まるのでしょうか。

1 天気図で気圧はどう表すの？

天気図では気圧の等しいところをなめらかな曲線で結びます。これを等圧線といいます。

■等圧線は1000hPaを基準に，4hPaごとに線を引きます。

■また，20hPaごとに太い線にします。

印に注目
してみよう。
4hPa ごとに
なってるよ！

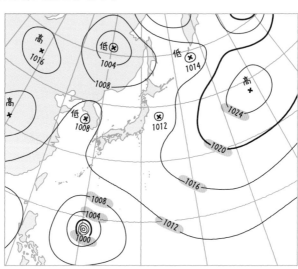

1000hPa
1020hPaは
太くなってる！
20hPa ごとに
太くするんだよ。

2 高気圧と低気圧って何？

■高気圧…まわりより気圧が高いところ。

■低気圧…まわりより気圧が低いところ。

風は気圧が高いところから低いところにふきます。

そして，等圧線の間隔がせまいところほど，風は強くふきます。

知ってる？

上の図で「高」と書いてあるところは高気圧
で，「低」と書いてあるところは低気圧だよ。

高気圧
・下降気流
・雲ができにくい。
・風が時計回りにふき出す。

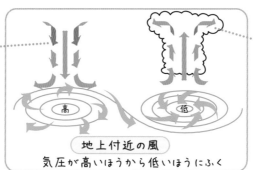

地上付近の風
気圧が高いほうから低いほうにふく

低気圧
・上昇気流
・雲ができやすい。
・風が反時計回りにふきこむ。

➡答えは別冊 p.14

覚 えておきたい用語

□①天気図上で，気圧の等しいところをなめらかに結んだ線。

□②まわりより気圧が高いところ。

□③まわりより気圧が低いところ。

練 習 問 題

1 下の図1は，天気図の一部を表したもので，図2は，高気圧や低気圧付近での風のふき方を表したものです。あとの問いに答えましょう。

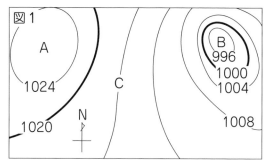

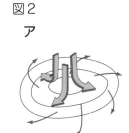

(1) 図1の天気図のA，Bは，高気圧，低気圧のどちらですか。

A（　　　　　　）

B（　　　　　　）

(2) 図1のCの等圧線は何hPaを表していますか。

（　　　　　　）

(3) 図1のA，Bでの風のふき方は，図2のア，イのどちらですか。

A（　　　　　　）

B（　　　　　　）

□風は気圧の高いところから低いところに向かってふく。

□まわりより気圧が高いところを高気圧，低いところを低気圧という。

43 空気がふくむことのできる水蒸気量

飽和水蒸気量

冬の日に部屋でストーブをつけていると，窓がくもることがあります。窓はなぜくもるのでしょうか？

★ 空気がふくむことのできる水蒸気の量には限度があるの？

空気中には，水蒸気がふくまれています。一定の体積の空気がふくむことのできる水蒸気の量には限度があります。

$1m^3$の空気がふくむことのできる水蒸気の最大限度の量を，飽和水蒸気量（ほうわすいじょうきりょう）といいます。飽和水蒸気量は，気温が高くなるほど大きくなります。

水滴　空気$1m^3$

これ以上の水蒸気は入れないよ！

飽和してます!!

【17.3gの水蒸気をふくむ30℃の空気$1m^3$を冷やしていくと…】

　気温と飽和水蒸気量の関係は，右のグラフの――で表されます。

〈30℃のとき〉

　水蒸気を30.4gまでふくむことができる。

　→あと30.4g－17.3g＝13.1gの水蒸気をふくむことができる。

〈20℃まで冷やしたとき〉

　空気中の水蒸気量が飽和水蒸気量に達する。

　→このときの温度を露点（ろてん）という。

〈10℃まで冷やしたとき〉

　水蒸気を9.4gまでしかふくむことができない。

　→17.3g－9.4g＝7.9gの水滴ができる。

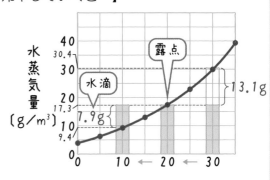

水蒸気量〔g／m^3〕

露点

水滴

13.1g

7.9g

気温〔℃〕

空気を冷やしていくと，ある温度で空気中の水蒸気量が飽和水蒸気量に達し，水蒸気が水滴になり始めます。このときの温度を露点（ろてん）といいます。

→あたたかい部屋の空気が冷たい窓に冷やされて，窓際の空気が露点に達すると，空気中の水蒸気が水滴になってつくんだ。

覚 えておきたい用語

□①1m³の空気にふくむことのできる水蒸気の最大限度の量。

□②空気が冷やされて飽和水蒸気量に達し, 空気中の水蒸気が水滴になり始めるときの温度。

練 習 問 題

1 右の図のような装置を用いて, 露点を調べる実験を行いました。表は, 気温と飽和水蒸気量の関係を表したものです。次の問いに答えましょう。

(1) この部屋の気温は20℃でした。この部屋の空気の飽和水蒸気量は何g/m³ですか。
( )

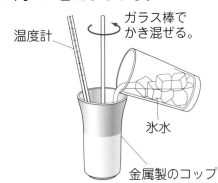
温度計
ガラス棒でかき混ぜる。
氷水
金属製のコップ

(2) 金属製のコップに氷水を入れたところ, コップの表面に水滴がつきました。この水滴はどのようにできましたか。次の**ア, イ**から選びましょう。
( )

ア コップの水がしみ出した。
イ コップのまわりの空気にふくまれる水蒸気が水滴になった。

気温〔℃〕	飽和水蒸気量〔g/m³〕
−5	3.4
0	4.8
5	6.8
10	9.4
15	12.8
20	17.3
25	23.1

(3) (2)で, 水滴がつき始めたのは15℃のときでした。この部屋の空気にふくまれていた水蒸気量は何g/m³ですか。
( )

 □空気が冷やされて飽和水蒸気量に達し, 空気中の水蒸気が水滴になり始めるときの温度を露点という。

どれだけの水蒸気をふくんでる？

湿度

乾湿計を使うと湿度を求めることができましたが，湿度とはどういう値（あたい）なのでしょうか。

乾湿計

⭐ 湿度ってどんな値？

空気がふくむことのできる水蒸気の最大限度の量を100としたとき，その空気はどのくらいの水蒸気をふくんでいるかを表したものを湿度といいます。

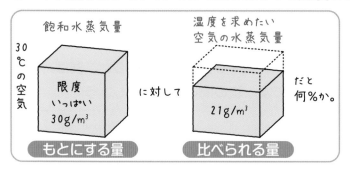

ふりカエル

1m³の空気がふくむことのできる最大限度の水蒸気量を飽和水蒸気量といいます。単位はg/m³

公式

$$湿度[\%] = \frac{空気1m^3にふくまれる水蒸気量[g/m^3]}{その気温での飽和水蒸気量[g/m^3]} \times 100$$

比べられる量
もとにする量

例① 気温30℃の空気は，飽和水蒸気量が30g/m³です。30℃で水蒸気量が21g/m³の空気の湿度は何％ですか。

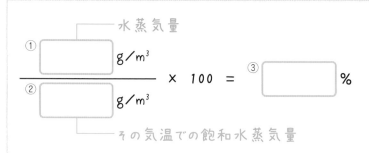

水蒸気量

①　　　　　g/m³

────────── × 100 = ③　　　　　％

②　　　　　g/m³

その気温での飽和水蒸気量

空気1m³がふくむ水蒸気の量が同じ場合，気温が高いほど分母の飽和水蒸気量が大きくなるので，湿度は低くなります。

→30℃の空気の飽和水蒸気量は，正確には約30.4g/m³ですが，このページでは30g/m³としています。

➡答えは別冊 p.15

覚 えておきたい用語・公式

□① その空気が，飽和水蒸気量に対して何％の水蒸気をふくんでいるかを表した値。

（　　　　　　　）

□② 湿度〔%〕＝ $\dfrac{\text{空気1m}^3\text{にふくまれる水蒸気量〔g/m}^3\text{〕}}{\text{その気温での（　　　　　　　）〔g/m}^3\text{〕}} \times 100$

練習問題

1 右の表は，それぞれの気温での飽和水蒸気量を示しています。次の問いに答えましょう。ただし，答えは小数第1位を四捨五入して，整数で答えましょう。

(1) 8℃での飽和水蒸気量は何g/m³ですか。右の表を見て答えましょう。

（　　　　　　　）

気温〔℃〕	飽和水蒸気量〔g/m³〕
0	4.8
2	5.6
4	6.4
6	7.3
8	8.3
10	9.4
12	10.7
14	12.1

(2) 気温8℃で6.4g/m³の水蒸気をふくむ空気があります。この空気の湿度は何％ですか。

（　　　　　　　）

(3) (2)の空気の温度を4℃に下げたところ，水蒸気量は6.4g/m³のままでした。湿度は何％になりますか。

（　　　　　　　）

(4) 水蒸気量が変わらない場合，湿度が高くなるのは，気温が高いときですか。低いときですか。

（　　　　　　　）

まとめ □ 湿度〔%〕＝ $\dfrac{\text{空気1m}^3\text{にふくまれる水蒸気量〔g/m}^3\text{〕}}{\text{その気温での飽和水蒸気量〔g/m}^3\text{〕}} \times 100$

〈左ページ例①の答え〉　①21　②30　③70

45 あの雲はどうやってできたの？

雲のでき方

空に浮かぶ雲はどのようにしてできるのでしょうか。

★ 雲はどうやってできるの？

雲は，次の①〜⑤のような現象によりできます。

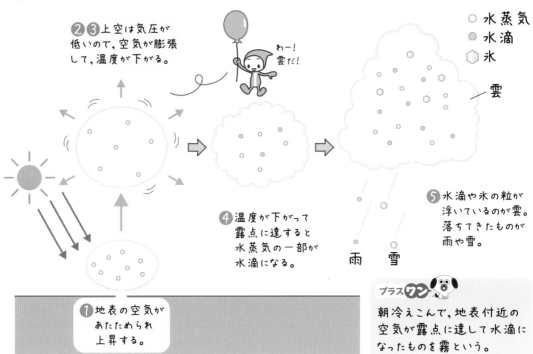

❷❸上空は気圧が低いので，空気が膨張して，温度が下がる。

わー！雲だ！

○ 水蒸気
◉ 水滴
⬡ 氷

雲

❹温度が下がって露点に達すると水蒸気の一部が水滴になる。

❺水滴や氷の粒が浮いているのが雲。落ちてきたものが雨や雪。

雨　雪

❶地表の空気があたためられ上昇する。

プラスワン
朝冷えこんで，地表付近の空気が露点に達して水滴になったものを霧という。

❶地表付近で空気があたためられて空気が上昇します（上昇気流）。

❷上空は気圧が低いので，上昇した空気は膨張します。

❸空気は膨張すると，温度が下がります。

❹空気の温度が下がって露点以下になると，空気中の水蒸気の一部が水滴や氷の粒になります。

❺この水滴や氷の粒が空に浮いたものが雲です。また，水滴が落ちてきたものが雨で，氷の結晶がとけずに落ちてきたものが雪です。

山の斜面などでも上昇気流が起きて，雲ができます。

ふりカエル
低気圧で上昇気流が起きて，雲ができることを学んだね。上昇気流があると雲ができやすくなるのは，上の❶〜❹の理由からなんだね。

覚 えておきたい用語

□①上昇する空気の動き。

□②水蒸気をふくむ空気が上昇し，膨張して気温が下がり，水蒸気が水滴や氷の粒となって上空に浮かんだもの。

□③上空に浮かんだ雲の水滴が地上に落ちてきたもの。

練習問題

1 図は，雲ができるようすを模式的に表したものです。次の問いに答えましょう。

(1) 地表であたためられた空気Aは，上昇していきます。その後どうなりますか。次のア～エから選びましょう。 （　　　）

ア　膨張して，気温が上がる。
イ　膨張して，気温が下がる。
ウ　圧縮されて，気温が上がる。
エ　圧縮されて，気温が下がる。

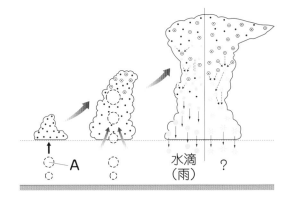

(2) (1)のように気温が変化して露点以下になると，上昇した空気にふくまれる水蒸気の一部は水滴や何の粒になりますか。

（　　　　　　　　　　）

(3) (2)で答えたものが結晶のまま地上に落ちてきたものを何といいますか。

（　　　　　　　　　　）

　□水蒸気をふくむ空気が上昇し，膨張して気温が下がり，水蒸気が水滴や氷の粒となって上空に浮かんだものを雲という。

46 とても大きな空気のかたまり

気団と前線

天気予報で「シベリア気団」や「小笠原気団」などという言葉を
聞いたことはありませんか。気団とはいったい何でしょうか。

小笠原気団
がはり出します

1 気団て何？

空気が長い間大陸や海洋などにとどまると，
気温や湿度がほぼ一様になった空気のかたま
りができます。これを気団（きだん）といいます。

日本の北の気団は冷たく，南の気団はあた
たかいです。また，大陸上の気団は乾（かわ）いて
て，海上の気団は湿っています。

冷たく乾いた
気団

あたたかく湿った
気団

こんなに巨大な
空気のかたまり
なんだね

→シベリア気団はシベリア付近で，小笠原気団は小笠原諸島付近で発達する気団だよ。

2 気団と気団の境目は？

冷たい気団（寒気）とあたたかい気団（暖気）が接すると，境界面ができます。この面を
前線面（ぜんせんめん）といい，前線面が地表と接するところを前線（ぜんせん）といいます。

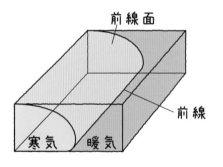

前線面

前線

寒気　暖気

ぶつかり合っても混ざらないぞ

前線面

ムム　寒気　暖気　ンー

前線　　　　　地表

【いろいろな前線】
・寒冷前線（かんれいぜんせん）…寒気が暖気の下にもぐりこみ，暖気を押し上げながら進む前線。
　　　　　記号は ▼▼▼▼

・温暖前線（おんだんぜんせん）…暖気が寒気の上にはい上がるようにして進む前線。
　　　　　記号は ●●●

・閉塞前線（へいそくぜんせん）…寒冷前線が温暖前線に追いついてできる前線。
　　　　　記号は ●▲●▲●▲

・停滞前線（ていたいぜんせん）…寒気と暖気の勢力が同じくらいで，ほぼ動かない前線。前線付近には
　　　　　雲ができやすく，くもりや雨の日が続く。記号は ━▲━●━▲

➡答えは別冊 p.15

覚 えておきたい用語

□①気温や湿度がほぼ一様な空気のかたまり。

□②性質の異なる気団の境界面。

□③寒冷前線が温暖前線に追いついてできる前線。

□④寒気と暖気の勢力が同じくらいで，ほぼ動かない前線。

練習問題

1 図は，性質の異なる大気のかたまりどうしがぶつかり合ったときのようすを表しています。次の問いに答えましょう。

(1) 気温や湿度などの性質が一様な大きな空気のかたまりを何といいますか。

（　　　　　　　）

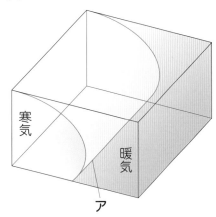

寒気

暖気

ア

(2) 図の**ア**のような，空気のかたまりの境界面が地表と接する部分を何といいますか。

（　　　　　　　）

(3) 寒気と暖気の勢力が同じくらいのとき，(2)はほとんど動きません。このとき，(2)の付近では，どんな天気が続きますか。**ア**，**イ**から選びましょう。

（　　　　　　　）

ア くもりや雨　　　　**イ** 晴れ

まとめ

□気温や湿度が一様な空気のかたまりを気団という。
□気団と気団の境界面を前線面，前線面が地表と接するところを前線という。

47 前線と天気の変化

寒冷前線や温暖前線と天気

天気予報で「前線が通過します」というのを聞くことがあります
ね。前線が通過すると天気に影響があるのでしょうか。

1 寒冷前線が通過するとどうなるの？

寒冷前線付近では，寒気が暖気の下にもぐりこみ，暖気を急激に押し上げています。そ
のため，積乱雲（せきらんうん）が発達し，せまい範囲に激しい雨が短時間降ります。

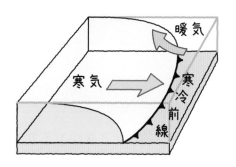

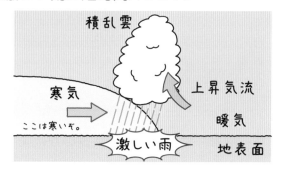

寒冷前線の通過後は，風が南寄りから北寄りに変わり，気温が急に下がります。

2 温暖前線が通過するとどうなるの？

温暖前線付近では，暖気が寒気の上にはい上がっています。そのため，乱層雲（らんそううん）などが
でき，広い範囲に雨が長時間降ります。

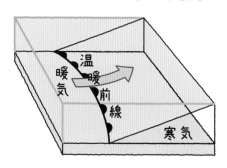

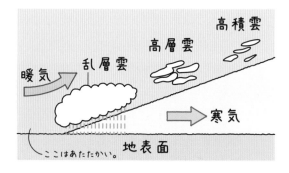

温暖前線の通過後は，風が南寄りになり，
気温が上がります。

日本付近の前線をともなう温帯低気圧は，
西から東へと進んでいくことが多いです。

→低気圧の進行方向の前が温暖前線，後ろが寒冷前線だよ。

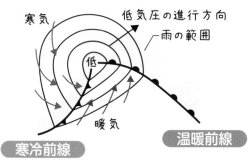

覚えておきたい用語

□①寒気が暖気を押し上げるように進む前線。

□②暖気が寒気の上にはい上がるように進む前線。

□③寒冷前線付近にできる，せまい範囲に激しい雨を短時間降らせる雲。

□④温暖前線付近にできる，広い範囲に弱い雨を長時間降らせる雲。

練習問題

① 下の図は，寒冷前線と温暖前線の断面を模式的に表したものです。あとの問いに答えましょう。

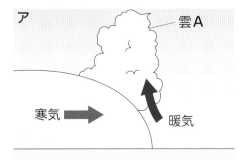
ア　雲A　寒気　暖気

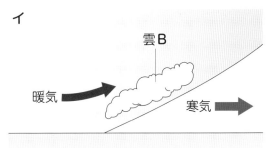
イ　雲B　暖気　寒気

(1) 積乱雲を表しているのは，雲A，Bのどちらですか。　（　　　）

(2) 雨が長時間降るのは，ア，イどちらの前線付近ですか。　（　　　）

(3) 前線通過後，風が北寄りになるのは，ア，イどちらの前線ですか。

（　　　）

(4) 前線通過後，気温が上がるのは，ア，イどちらの前線ですか。　（　　　）

 まとめ　□寒冷前線通過後，風向は北寄りに変わり，気温が下がる。
□温暖前線通過後，風向は南寄りに変わり，気温が上がる。

48 地球上での大気の動き

大気の動き

部屋をあたためると，あたためられた空気は上に移動します。では，地球規模で見た場合，大気（たいき）はどのように移動するのでしょうか。

1 地球上で大気はどう動くの？

地球上では，赤道付近の大気はあたためられやすく，北極や南極の大気はあたためられにくいです。この大気の温度差などによって，地球規模の大気の移動が行われます。

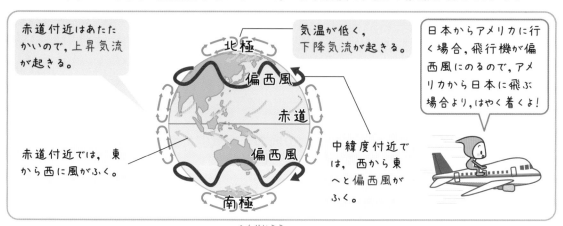

赤道付近はあたたかいので，上昇気流が起きる。

気温が低く，下降気流が起きる。

日本からアメリカに行く場合，飛行機が偏西風にのるので，アメリカから日本に飛ぶ場合より，はやく着くよ！

赤道付近では，東から西に風がふく。

中緯度付近では，西から東へと偏西風がふく。

日本の上空には，西から東へ向かう偏西風（へんせいふう）がふいています。

2 昼の風と夜の風はちがうの？

陸は海に比べて，あたたまりやすく冷めやすい性質があります。

■太陽の光を受ける昼間は，海より陸の温度が高くなります。このため，陸上で上昇気流が発生して，気圧が低くなるので，空気が海から陸へと流れます。

　これが　海→陸　の風（海風（うみかぜ））です。

■太陽が沈んだ夜は，陸より海の温度が高くなります。このため，海上で上昇気流が発生して気圧が低くなり，空気が陸から海へと流れます。

　これが　陸→海　の風（陸風（りくかぜ））です。

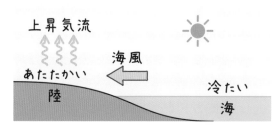

■昼の海風

上昇気流　　海風　　あたたかい　陸　　冷たい　海

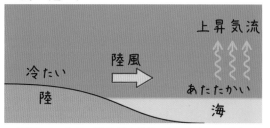

■夜の陸風

冷たい　陸風　上昇気流　あたたかい　陸　海

→季節風は，海風と陸風が大規模になったものと考えることができます。

覚 えておきたい用語

□①日本上空にふく西から東への風のこと。

□②昼間に海から陸へとふく風。

□③夜に陸から海へとふく風。

練習問題

1 図は，昼の陸と海のようすを表したものです。次の問いに答えましょう。

(1) 昼に気温が高くなっているのは，海上ですか，陸上ですか。

（　　　　　）

(2) 昼に上昇気流が発生するのは，海上ですか，陸上ですか。

（　　　　　）

陸

(3) (2)で上昇気流が起きたところでは，気圧は高くなりますか，低くなりますか。

（　　　　　）

(4) 昼にふく風の向きは，**ア**，**イ**のどちらですか。 （　　　　　）

(5) 夜に上昇気流が発生するのは，海上ですか，陸上ですか。

（　　　　　）

(6) 夜にふく風の向きは，**ア**，**イ**のどちらですか。 （　　　　　）

 まとめ
□日本上空を西から東に向かってふく風を偏西風という。
□昼は海から陸への海風がふき，夜は陸から海への陸風がふく。

49 四季の天気の特徴

日本の四季の天気

夏に暑くなったり，冬に寒くなったりする四季の変化は，気団とどんな関係があるのでしょうか。

1 日本のまわりにある気団は？

- ■ **シベリア気団**…ユーラシア大陸のシベリア付近でできる，冷たくて乾燥（かんそう）している気団。
- ■ **小笠原（おがさわら）気団**…日本の南東の太平洋でできる，あたたかくて湿っている気団。
- ■ **オホーツク海気団**…日本の北東のオホーツク海でできる，冷たくて湿っている気団。

2 春・秋の天気は？

　ユーラシア大陸南東部から**移動性高気圧（いどうせいこうきあつ）**と低気圧が日本付近に交互（こうご）にやってきて，天気が4〜6日周期で変化します。

高気圧と低気圧が，偏西風の影響を受けて西から東へ次々と移動するよ。

3 夏の天気は？

　小笠原気団の勢力が強くなり，南東の季節風がふき，蒸し暑い晴天の日が続きます。

急な雷雨に注意！

日本の南東からはり出した高気圧に注目しよう。

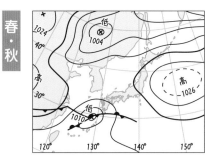

4 冬の天気は？

　シベリア気団の勢力が強くなり，北西の季節風がふきます。この季節風は，日本海側に大量の雪を降らせ，太平洋側では乾燥した風となります。

　日本の西側に高気圧が，東側に低気圧がある冬の気圧配置を**西高東低（せいこうとうてい）**の気圧配置といいます。

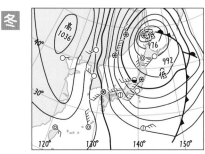

→答えは別冊 p.16

覚 えておきたい用語

□①春にユーラシア大陸から移動してくる高気圧。

□②日本の南東にあり，夏に勢力を強める高温で湿った気団。

□③冬にシベリア気団からふきこむ季節風の風向。

□④日本の西側に高気圧があり，東側に低気圧がある冬の気圧配置。

練習問題

1 図のA～Cは，日本付近の気団を示しています。次の問いに答えましょう。

(1) A～Cの気団の名前をそれぞれ答えましょう。

A（　　　　　　　　　）
B（　　　　　　　　　）
C（　　　　　　　　　）

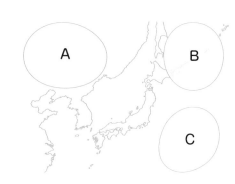

(2) 冷たくて乾いている気団は，A～Cのどれですか。

（　　　　　　　　　）

(3) 夏と冬に勢力を強める気団は，A～Cのどれですか。それぞれ答えましょう。

夏（　　　　　　）
冬（　　　　　　）

□夏に勢力を強めるのは，あたたかくて湿った小笠原気団。
□冬に勢力を強めるのは，冷たくて乾燥したシベリア気団。

50 たくさんの雨はなぜ降るの？

つゆ・台風

つゆの時期には雨やくもりの日が続きます。台風は，激しい雨や強い風をともないます。何が起こっているのでしょうか。

どちらもたくさんの雨がふるね

❶ つゆに雨が続くのはなぜ？

夏のはじめのころ，オホーツク海気団と小笠原気団の勢力が日本列島付近でつり合って，その境界に**停滞前線**ていたいぜんせんができます。

前線付近には雨雲ができやすく，長期間くもりや雨の日が続きます。これをつゆ（梅雨）といい，この時期の停滞前線を**梅雨前線**ばいうぜんせんといいます。

2つの気団が押しあって，ここに前線ができる。

雨雲ができている。

→小笠原気団がオホーツク海気団を押し上げて日本列島をおおうようになると，夏になるよ！

❷ 台風はどこからくるの？

日本のはるか南の熱帯地方の海上で発達した低気圧を**熱帯低気圧**ねったいていきあつといいます。熱帯低気圧のうち，最大風速が17.2m/s以上になったものを**台風**たいふうといいます。

台風は，南の海上でたくさんの水蒸気をふくんでくるので，大雨をもたらします。

あの雲のウズが台風だよ！

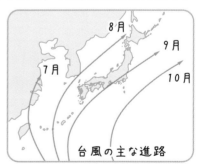

7月 8月 9月 10月 台風の主な進路

台風は，夏から秋にかけて日本列島に近づいてきて，強い風や大雨による被害をもたらすことがあります。しかし，大量の雨は，水資源という恵みももたらします。

→夏から秋にかけての台風は，北上した後，偏西風の影響で東寄りに進路を変えるよ。

➡答えは別冊 p.16

覚えておきたい用語

□①初夏のころに日本列島付近にできる停滞前線。

□②日本の南の熱帯地方で発生する低気圧。

□③熱帯低気圧のうち，最大風速が17.2m/s以上のもの。

練習問題

① 下の天気図A，Bを見て，あとの問いに答えましょう。

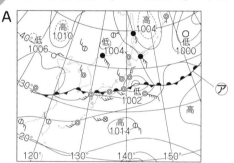
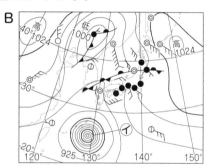

(1) 天気図Aの⑦の前線を何といいますか。次のア～ウから選びましょう。

（　　　　　　）

ア 寒冷前線　　　**イ** 温暖前線　　　**ウ** 停滞前線

(2) (1)の前線付近ではどんな天気になりますか。次のア，イから選びましょう。

（　　　　　　）

ア くもりや雨の日が続く。　　　**イ** 乾いた晴天の日が続く。

(3) 天気図Bの①は，最大風速が17.2m/s以上で，夏から秋にかけて大雨や強い風をともなって日本付近にやってきます。何といいますか。

（　　　　　　）

□初夏にできる停滞前線（梅雨前線）の影響により，くもりや雨が続く。
□最大風速が17.2m/s以上の熱帯低気圧を台風という。

まとめのテスト

勉強した日　　得点

月　日　　／100点

➡答えは別冊 p.16

1 右のグラフは，ある晴れた日の気温と湿度の変化を示したものです。次の問いに答えなさい。　　　　6点×4(24点)

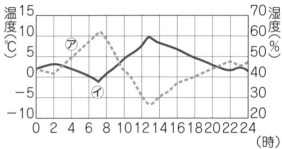

(1)　気温の変化を表しているのは，⑦，①のどちらのグラフですか。

（　　　　　　　）

(2)　(1)のように判断したのはなぜですか。理由を述べた次の文が正しくなるように，①，②の（　　）のうち正しいほうを○で囲みましょう。

気温が昼過ぎに①（　最高　・　最低　）になり，明け方に②（　最高　・　最低　）になっているから。

(3)　晴れの日と比べて，雨の日の気温の変化は大きいですか，小さいですか。

（　　　　　　　）

2 右のグラフは，気温と飽和水蒸気量の関係について表したものです。次の問いに答えなさい。　　　　7点×4(28点)

(1)　気温が30℃のときの飽和水蒸気量はおよそ何g/m³ですか。

（　　　　　　　）

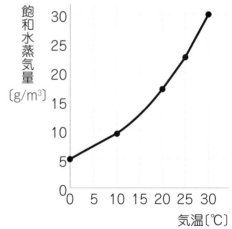

(2)　気温30℃の空気 1 m³の中に18gの水蒸気をふくむ空気の湿度は何％ですか。

（　　　　　　　）

(3)　(2)の空気 1 m³には，さらに何gの水蒸気をふくむことができますか。

（　　　　　　　）

(4)　(2)の空気を10℃まで冷やしたとき，空気 1 m³あたり何gの水滴が出てきますか。ただし，10℃の飽和水蒸気量は9.4g/m³とします。

（　　　　　　　）

3
右の図は，日本付近のある日の天気図を示したものです。次の問いに答えなさい。

6点×4(24点)

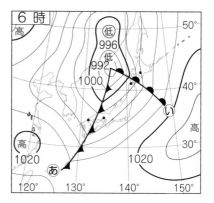

(1) 天気図の中の⑩と⑪の前線を，それぞれ何といいますか。

⑩（　　　　　　　　）
⑪（　　　　　　　　）

(2) 寒気が暖気の下にもぐりこんで，押し上げるように進む前線は，⑩，⑪のどちらですか。
（　　　　　　　　）

(3) ⑩の前線が通過すると，天気はどうなりますか。次のア，イから選びましょう。
（　　　　　　　　）

ア　短時間に激しい雨が降り，風向が北寄りになり，気温が下がる。
イ　長時間弱い雨が降り，風向が南寄りになり，気温が上がる。

4
図1，2の天気図について，次の問いに答えなさい。　6点×4(24点)

図1

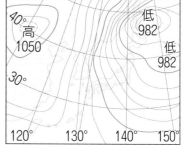

(1) 図1は，次のア〜ウのどの季節のものですか。　（　　　　　　）

ア　夏　　イ　梅雨　　ウ　冬

(2) 図1に見られるような特徴的な気圧配置を何といいますか。
（　　　　　　　　）

図2

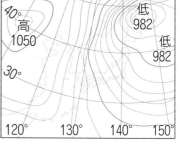

(3) 図1の季節に発達する気団を何といいますか。
（　　　　　　　　）

(4) 図2の⑧は，熱帯低気圧が発達した台風です。最大風速は何m/s以上ですか。次のア〜ウから選びましょう。
（　　　　　　　　）

ア　1.72m/s以上　　　　イ　17.2m/s以上　　　　ウ　50m/s以上

特集　雲をつくってみよう！

実験方法

① 図のような装置をつくる。
② 丸底フラスコの中を水で少しぬらし，線香のけむりを入れる。
③ ピストンをすばやく引いて，気圧を下げる。

温度の変化や
容器内のよう
すに注目しよう。

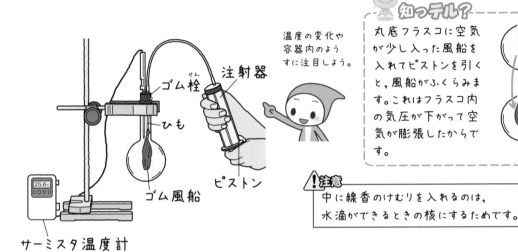

注射器
ゴム栓(せん)
ひも
ピストン
ゴム風船
サーミスタ温度計

知ッテル？

丸底フラスコに空気
が少し入った風船を
入れてピストンを引く
と，風船がふくらみま
す。これはフラスコ内
の気圧が下がって空
気が膨張したからで
す。

注意
中に線香のけむりを入れるのは，
水滴ができるときの核にするためです。

実験結果

・フラスコ内の気圧を下げると，フラスコ内の温度が下がる。
・フラスコ内の温度が露点に達すると，フラスコ内がくもる。

フラスコ内の気圧が下がる（空気が膨張する）
と，気温が下がり，やがて露点に達する。露点
に達すると，線香の煙を核にして水蒸気が水
滴になる（くもる）。

上昇気流で膨張した空
気の温度が下がり，露
点に達して雲になるの
と同じ。

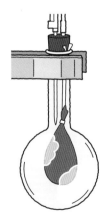

ワー
雲だー

これで2年の内容は
終わりだよ！
「わかる」にかわった
かな？

完

改訂版

わからないを わかるにかえる

中2理科

解 答 と 解 説

文理

① ホットケーキはなぜふくらむ

覚 えておきたい用語

□①もとの物質とは性質のちがう，別の物質ができる変化。

化学変化

□②1種類の物質が2種類以上の物質に分かれる変化。

分解

□③加熱による分解。

熱分解

□④炭酸水素ナトリウムを加熱すると発生する気体。

二酸化炭素

練 習 問 題

1 図のように，炭酸水素ナトリウムが入った試験管を加熱しました。次の問いに答えましょう。

炭酸水素
ナトリウム

(1) 発生した気体を試験管に集めました。この試験管に石灰水を入れて振ると，石灰水はどうなりますか。次のア〜ウから選びましょう。　（ **イ** ）

ア　赤色になる。
イ　白くにごる。
ウ　青紫色になる。

(2) (1)より，発生した気体は何だといえますか。（ **二酸化炭素** ）
石灰水に二酸化炭素を通すと白色ににごる。

(3) 加熱した試験管の口に液体がついたので，塩化コバルト紙をつけたところ，青色から赤色に変わりました。この液体は何ですか。（ **水** ）
塩化コバルト紙は，水につけると青色から赤色に変わる。

(4) 試験管の中に残った白い固体の物質は何ですか。
（ **炭酸ナトリウム** ）
炭酸水素ナトリウムと炭酸ナトリウムは別の物質。

② 水は分解できるか

覚 えておきたい用語

□①電流を流して物質を分解すること。

電気分解

□②水を電気分解するときに水にとかす物質。

水酸化ナトリウム

□③水の電気分解で，陰極に発生する気体。

水素

□④水の電気分解で，陽極に発生する気体。

酸素

練 習 問 題

1 図のような装置を用いて，水を電気分解します。次の問いに答えましょう

陰極　　陽極

(1) 水を電気分解するときに，水に水酸化ナトリウムを少量とかしますが，これはなぜですか。次の文の（　）にあてはまる言葉を書きましょう。

水に水酸化ナトリウムをとかすのは，水に（ **電流** ）を流れやすくするためである。

(2) 陰極に発生した気体にマッチの火を近づけると，ポンと音を立てて燃えまた。この気体は何ですか。　　（ **水素** ）
水素は，空気中で燃えると酸素と結びついて，水になる。

(3) 陽極に発生した気体に火のついた線香を入れると，どうなりますか。次のイから選びましょう。　　　　（ **ア** ）
ア　線香が，炎を上げて燃える。　　イ　線香の火が消える。
酸素にはものを燃やすはたらきがある。

(4) 陽極に発生した気体は何ですか。　　　（ **酸素** ）
発生する水素と酸素の体積の比は2：1。

③ いちばん小さな粒

覚 えておきたい元素記号　①〜⑫の元素を元素記号で表しましょう。

□①水素 **H**	□⑤硫黄 **S**	□⑨アルミニウム **Al**
□②炭素 **C**	□⑥塩素 **Cl**	□⑩鉄 **Fe**
□③窒素 **N**	□⑦ナトリウム **Na**	□⑪銅 **Cu**
□④酸素 **O**	□⑧マグネシウム **Mg**	□⑫銀 **Ag**

練 習 問 題

1 原子について，次の問いに答えましょう。

(1) 原子は，それ以上分けることができますか。（ **できない。** ）
原子は，それ以上分けることができない。

(2) 原子は，なくなることがありますか。
（ **ない。(なくならない。)** ）

原子は，なくなったり，新しくできたりしない。

(3) 水素原子が，酸素原子に変わることはありますか。
（ **ない。(変わらない。)** ）
原子が，ほかの原子に変わることはない。

(4) 窒素原子と銀原子の質量は同じですか，ちがいますか。
（ **ちがう。** ）
原子は，種類によって質量や大きさが決まっている。

(5) 原子の種類のことを何といいますか。（ **元素** ）
元素をアルファベットで表したものを元素記号という。

(6) 現在，(5)は約何種類知られていますか。次のア〜ウから選びましょう。
（ **イ** ）

ア　約60種類
イ　約120種類
ウ　約1200種類

④ 原子が結びつくと

覚 えておきたい化学式　①〜⑫の物質を化学式で表しましょう。

□①水素 H_2	□⑤二酸化炭素 CO_2	□⑨銀 **Ag**
□②酸素 O_2	□⑥水 H_2O	□⑩マグネシウム **Mg**
□③鉄 **Fe**	□⑦硫化鉄 **FeS**	□⑪塩化ナトリウム **NaC**
□④炭素 **C**	□⑧銅 **Cu**	□⑫酸化銅 **CuO**

練 習 問 題

1 次の問いに答えましょう。

(1) いくつかの原子が結びついた，物質の性質を示す最小の粒子を何といいますか。
（ **分子** ）
水素や酸素などは，分子の状態で存在する。

(2) 1種類の元素からできている物質を何といいますか。
（ **単体** ）
水素(H_2)や酸素(O_2)，銅(Cu)や銀(Ag)など。

(3) 2種類以上の元素からできている物質を何といいますか。
（ **化合物** ）
水(H_2O)，塩化ナトリウム($NaCl$)など。

(4) 二酸化炭素(CO_2)の分子は炭素原子と酸素原子がいくつずつ結びついてますか。　　　　　　炭素原子（ **1つ** ）
酸素原子（ **2つ** ）
Cの右下に数字がないので炭素原子は1つ。

(5) 次のア〜エのうち，分子をつくらない物質はどれですか。すべて答えまします。　　　　　　　　　　　　　（ **ア，エ** ）
ア　銅　　イ　水素
ウ　水　　エ　塩化ナトリウム
銀やマグネシウムなどの金属は分子をつくらない。

2

5 化学変化を式にしよう！

→本冊 p.15

練習問題

❶ 炭素（C）と酸素（O_2）が結びついて，二酸化炭素（CO_2）ができる化学変化を化学反応式で表しましょう。

→の左と右で原子の種類と数は同じだから，…

❷ 酸化銀（Ag_2O）が分解されて，銀（Ag）と酸素（O_2）になるときの化学反応式を次のように考えました。□にあてはまる数字を入れて化学反応式を完成させましょう。

まず，——の左と右のOの数をそろえるために，①には **2** を入れます。

すると，左のAgの数は **4** になるので，これと右のAgの数をそろえるために，②に **4** を入れます。これで，——の左と右でAgとOの数が等しくなり，式は完成です。

$$2 \; Ag_2O \longrightarrow 4 \; Ag + O_2$$

---

6 物質を結びつける！

→本冊 p.17

覚えておきたい用語

□①鉄と硫黄が結びついてできる物質。 → **硫化鉄**

練習問題

❶ 鉄と硫黄の混合物を加熱しました。次の問いに答えましょう。

(1) この実験で，加熱するのを途中でやめるとどうなりますか。次のア，イから選びましょう。 （ **イ** ）
　ア　化学変化が終わる。
　イ　化学変化が続く。
　この反応で発生した熱によって化学変化が続く。

(2) 加熱前の物質は，磁石につきました。加熱後の物質は磁石につきますか。 （ **つかない。** ）
　鉄は磁石につくが，加熱後にできた硫化鉄は磁石につかない。

(3) うすい塩酸を加えたとき，においのある気体が発生するのは，加熱前の物質と加熱後の物質のどちらですか。 （ **加熱後の物質** ）
　加熱前の物質では，においのない気体が発生。

(4) 加熱後の物質は，加熱前の物質と同じですか，ちがいますか。 （ **ちがう。** ）

(5) 加熱後にできた物質を何といいますか。 （ **硫化鉄** ）
　硫化鉄は鉄と硫黄が結びついてできた物質。

---

7 酸素と結びつく化学変化

→本冊 p.19

覚えておきたい用語

□①物質が酸素と結びつく化学変化。 → **酸化**

□②酸化によってできた物質。 → **酸化物**

□③熱や光を出す激しい酸化。 → **燃焼**

練習問題

❶ スチールウール（鉄）を燃やし，燃やした後の物質が磁石につくか，うすい塩酸に入れるとどうなるか調べました。あとの問いに答えましょう。

うすい塩酸　磁石

(1) スチールウールを燃やした後の物質の性質として正しいものを，次のア〜エから2つ選びましょう。 （ **イ，エ** ）
　ア　磁石につく。
　イ　磁石につかない。
　ウ　うすい塩酸に入れると，気体が発生する。
　エ　うすい塩酸に入れても，気体が発生しない。
　金属光沢もなくなり，手ざわりもボロボロになる。

(2) スチールウールを燃やした後の物質は，鉄とまったく同じ性質をもっていますか。 （ **もっていない。** ）
　鉄は磁石につき，うすい塩酸に入れると気体が発生する。

(3) スチールウールを燃やしてできた物質を何といいますか。 （ **酸化鉄** ）
　酸化鉄は鉄が酸化されたもの。

---

8 酸素とサヨウナラ

→本冊 p.21

覚えておきたい用語

□①酸化銅と炭素の混合物を加熱すると発生する気体。 → **二酸化炭素**

□②酸化銅と炭素の混合物を加熱するとできる固体。 → **銅**

□③酸化物から酸素がうばわれる化学変化。 → **還元**

□④物質が還元されるとき，同時に起こる化学変化。 → **酸化**

練習問題

❶ 図のように，酸化銅と炭素の粉末の混合物を試験管に入れて加熱しました。次の問いに答えましょう。

(1) 混合物を加熱すると，石灰水はどうなりますか。 （ **白くにごる。** ）

酸化銅と炭素の粉末の混合物
加熱する。　ピンチコック　ゴム管　ガラス管　石灰水

(2) (1)より，この実験で発生した気体は何だといえますか。 （ **二酸化炭素** ）
　石灰水に二酸化炭素を通すと白くにごる。

(3) 加熱した後の試験管には赤色の物質が残りました。この物質を薬さじでこすると，金属光沢が現れました。この物質は何ですか。 （ **銅** ）
　赤色でみがくと金属光沢が現れるのは，銅の特徴。

(4) この実験で還元された物質，酸化された物質はそれぞれ炭素，酸化銅のどちらですか。
　　　　　　　　還元された物質（ **酸化銅** ）
　　　　　　　　酸化された物質（ **炭素** ）
　酸化銅は酸素をうばわれ，炭素は酸素と結びついた。

⑨ 熱を出したり，うばったり
➡本冊 p.23

覚 えておきたい用語
- □①化学変化のときに，熱を発生する化学変化。 　**発熱反応**
- □②化学変化のときに，まわりから熱を吸収する化学変化。 　**吸熱反応**

練習問題
① 図のように，化学変化による温度変化を調べる実験A，Bを行いました。あとの問いに答えましょう。

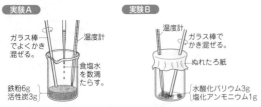

実験A
ガラス棒でよくかき混ぜる　温度計
食塩水を数滴たらす。
鉄粉6g 活性炭3g

実験B
温度計　ガラス棒でかき混ぜる
ぬれたろ紙
水酸化バリウム3g 塩化アンモニウム1g

(1) 実験Aのように鉄粉と活性炭に食塩水を数滴たらしてよくかき混ぜると，反応前と比べて温度は上がりますか，下がりますか。 （ **上がる。** ）
熱を発生する反応。

(2) (1)の反応は，次のア，イのどちらの反応ですか。 （ **ア** ）
ア 発熱反応　　イ 吸熱反応

(3) 実験Bのように水酸化バリウムと塩化アンモニウムを混ぜ合わせると，反応前と比べて温度は上がりますか，下がりますか。 （ **下がる。** ）
まわりから熱を吸収する反応。

(4) (3)の反応は，次のア，イのどちらの反応ですか。 （ **イ** ）
ア 発熱反応　　イ 吸熱反応

⑩ 質量は不滅です！
➡本冊 p.25

覚 えておきたい用語
- □①化学変化の前後で，反応にかかわる物質全体の質量が変わらないという法則。 　**質量保存の法則**

練習問題
① 図のように，炭酸水素ナトリウムとうすい塩酸を混ぜ合わせて反応させ，反応前後の質量を比べます。あとの問いに答えましょう。

反応前
プラスチックの容器
うすい塩酸
炭酸水素ナトリウム
電子てんびん

混ぜ合わせる。

反応後

(1) この実験で発生した気体は何ですか。 （ **二酸化炭素** ）
炭酸水素ナトリウム＋塩酸 ──→ 塩化ナトリウム＋水＋二酸化炭素

(2) 図のように反応後の容器のふたを開けずに質量をはかると，反応前と比べてどうなりますか。次のア～ウから選びましょう。 （ **ウ** ）
ア ふえる。　　イ 減る。　　ウ 変わらない。
気体が発生しても，容器が密閉されているので質量は変わらない。

(3) 化学変化の前後で質量が(2)のようになるという法則を何といいますか。 （ **質量保存の法則** ）

(4) 化学変化のとき，原子の数と原子の組み合わせはそれぞれ変化しますか。
原子の数 （ **変化しない。** ）
原子の組み合わせ （ **変化する。** ）
原子の数が変化しないので，質量は変わらない。

⑪ 結びつく質量は決まってる
➡本冊 p.27

覚 えておきたい用語
- □①銅を空気中で加熱したとき，銅と結びつく空気中の物質。 　**酸素**
- □②銅を空気中で加熱したときにできる黒色の物質。 　**酸化銅**

練習問題
① 銅の質量を変えて空気中で十分に加熱し，そのときの質量の変化を調べたら，表とグラフのようになりました。あとの問いに答えましょう。

表
銅の質量[g]	0.4	0.8	1.2	1.6	2.0
酸化銅の質量[g]	0.5	1.0	1.5	2.0	2.5
結びついた酸素の質量[g]	0.1	0.2	0.3	0.4	0.5

(グラフ) 結びついた酸素の質量[g]／銅の質量[g]

(1) グラフから，銅の質量と結びついた酸素の質量の間には，どんな関係があるといえますか。 （ **比例関係** ）
銅の質量が2倍，3倍…となると，酸素の質量も2倍，3倍…となる。

(2) 銅と酸素が結びついて酸化銅ができるときの，銅と酸素の質量の比を最も簡単な整数比で表しましょう。 　銅：酸素＝（ **4：1** ）
銅2.0gと結びついた酸素は0.5gなので，2.0：0.5＝4：1

(3) 8.0gの銅を十分に加熱したとき，何gの酸素と結びつきますか。 （ **2.0g** ）
銅と酸素は4：1の比で結びつくので，8.0gの銅と結びつく酸素をxgとすると，4：1＝8.0：x　$4x$＝8.0，x＝2.0

(4) (3)のときできた酸化銅は，何gですか。 （ **10.0g** ）
銅の質量＋結びついた酸素の質量＝8.0＋2.0＝10.0[g]

まとめのテスト　1 化学変化と原子・分子
➡本冊 p.28

1 (1)名前…**二酸化炭素**　　化学式…**CO₂**
　(2)**分解**　　　(3)**イ**
　(4)**水酸化ナトリウム**

解説 (3)電流を流して分解することを電気分解という。
(4)水に電流を流れやすくする。

2 (1)ア…**H₂**　　　イ…**H₂O**
　ウ…**Ag**　　　エ…**NaCl**
　(2)**イ，エ**　　(3)**単体**　　(4)**つくらない物質**

解説 (2)化合物は，2種類以上の元素でできている。
(4)エの塩化ナトリウムも分子をつくらない。

3 (1)**S（──→）FeS**　　　(2)**2H₂O（──→）2H₂**

解説 式の左右の原子の種類と数をそろえる。

4 (1)**ウ**　　　　　(2)**質量保存の法則**

解説 反応前後で原子の種類と数は変わらないので，質量は変化しない。

5 (1)**比例関係**　　(2)**4：1**　　(3)**20.0g**

解説 (2)2.0gの銅と，0.5gの酸素が結びついているので，銅：酸素＝2.0：0.5＝4：1
(3)16.0gの銅と結びつく酸素をxgとすると，
4：1＝16.0：x　が成り立つ。これより，
$4 × x = 16.0 × 1$，$4x = 16.0$，$x = 4.0$[g]
できる酸化銅は16.0＋4.0＝20.0[g]

12 細胞はどんなつくり

→本冊 p.33

覚 えておきたい用語

□①染色液によく染まる，丸い部分。 → 核

□②核のまわりの部分。 → 細胞質

□③植物の細胞にある緑色の粒の部分。 → 葉緑体

□④アメーバのように，1つの細胞でできている生物。 → 単細胞生物

練習問題

1 図は，植物の葉の細胞を模式的に表したものです。次の問いに答えましょう。

(1) A〜Eの部分の名前を書きましょう。
A（ 核 ） B（ 細胞膜 ）
C（ 細胞壁 ） D（ 葉緑体 ）
E（ 液胞 ）

(2) 植物の細胞にあって，動物の細胞にないつくり
はA〜Eのどれですか。すべて答えましょう。
（ C, D, E ）
核と細胞膜は動物の細胞にもあるつくり。

(3) 酢酸オルセイン液や酢酸カーミン液などの染色液でよく染まる部分は，A〜
Eのどの部分ですか。
核はふつう，それぞれの細胞に1つずつある。 （ A ）

(4) 緑色の粒は，A〜Eのどれですか。 （ D ）

(5) AのまわりのB, D, Eなどをふくむ部分を何といいますか。
（ 細胞質 ）

---

13 光をあびる葉

→本冊 p.35

覚 えておきたい用語

□①植物が光を受けてデンプンなどをつくるはたらき。 → 光合成

□②細胞の中にある，光合成が行われるところ。 → 葉緑体

□③光合成のときに材料となる気体。 → 二酸化炭素

□④光合成のときに発生する気体。 → 酸素

練習問題

1 図は，光合成のしくみを表したものです。次の問いに答えましょう。

(1) 図のア，イは光合成の材料
です。それぞれ何ですか。
ア（ 水 ）
イ（ 二酸化炭素 ）
イは気孔からとり入れる。

(2) 図のウ，エは光合成ででき
るものです。それぞれ何です
か。
ウ（ デンプン(など) ） エ（ 酸素 ）
エは気孔から出ていく酸素。

(3) イやエの気体が出入りするすきまであるオを何といいますか。
気体は気孔から出入りしている。 （ 気孔 ）

(4) 光合成を行うときに必要なカは何ですか。 （ 光 ）

(5) 光合成は細胞の中のどこで行われますか。 （ 葉緑体 ）
葉緑体は，細胞の中にある緑色の小さな粒。

光合成

→本冊 p.36

練習問題1 実験①について，次の問いに答えましょう。

（1）ヨウ素液の反応があるのは，デンプンがある葉ですか，デンプンがない葉で
すか。 （ デンプンがある葉 ）

（2）ヨウ素液の反応が見られる部分を，次のア〜エから選びましょう。
（ イ ）

ア 光を当てた葉の細胞全体 イ 光を当てた葉の葉緑体
ウ 光を当てない葉の細胞全体 エ 光を当てない葉の葉緑体

練習問題2 実験②について，次の問いに答えましょう。

（1）葉を入れず，ほかの条件は同じにした試験管Bも用意して実験を行いました。
結果を比べるために行うこのような実験を何実験といいますか。
（ 対照実験 ）

（2）葉を入れた試験管Aに光を当てたとき，二酸化炭素の割合はふえますか，減
りますか。 （ 減る。 ）

---

14 植物の呼吸

→本冊 p.39

覚 えておきたい用語

□①植物が呼吸でとり入れている気体。 → 酸素

□②植物が呼吸で出している気体。 → 二酸化炭素

練習問題

1 図は，植物に出入りする気体のようすを表しています。次の問いに答えましょ
う。

(1) 植物の呼吸でとり入れられ，光合
成で出される気体Aは何ですか。
（ 酸素 ）

(2) 植物の呼吸で出され，光合成で
とり入れられる気体Bは何ですか。
（ 二酸化炭素 ）

(3) 光が当たっているときに植物が行っているはたらきについて述べているもの
を，次のア〜オから選びましょう。
（ エ ）

ア 呼吸のみ行う。
イ 光合成のみ行う。
ウ 呼吸と光合成を行う。ただし，呼吸のほうがさかん。
エ 呼吸と光合成を行う。ただし，光合成のほうがさかん。
オ 呼吸も光合成も行わない。
呼吸は一日中行われている。

(4) 夜に植物が行っているはたらきについて述べているものを，(3)のア〜オから
選びましょう。 （ ア ）
光が当たらないとき，光合成は行われない。

根と茎のつくり

練習問題 1 観察①について，次の問いに答えましょう。

(1) 根のはたらきを，次のア，イから選びましょう。
（ **イ** ）

　ア　表面から水を出す。　イ　表面から水をとり入れる。

(2) 根の先のほうに見られる，細かい綿毛のようなものを何といいますか。
（ **根毛** ）

練習問題 2 観察②について，次の問いに答えましょう。

(1) 根から吸い上げた水などが通る管を何といいますか。（ **道管** ）

(2) 光合成でつくられた栄養分が通る管を何といいますか。（ **師管** ）

(3) (1)と(2)の管が集まってできた束を何といいますか。（ **維管束** ）

(4) 茎の断面で，(3)が輪の形に並んでいるのは，双子葉類ですか，単子葉類ですか。
（ **双子葉類** ）

---

15 葉のようす
➡本冊 p.43

覚えておきたい用語

□①葉脈の中を通っている，道管と師管の束の集まり。 **維管束**

□②葉の表面にある小さな穴。気体の出入り口。 **気孔**

練習問題

1 図は，葉の断面のようすを表しています。次の問いに答えましょう。

(1) アのような小さな部屋の1つ1つを何といいますか。
（ **細胞** ）

(2) 緑色をしたイの粒を何といいますか。
（ **葉緑体** ）
植物の緑色の部分にある。

(3) 表面にあるウの穴を何といいますか。（ **気孔** ）
気孔から気体が出入りする。

(4) 水や水にとけた養分が運ばれるエの管を何といいますか。
（ **道管** ）
茎の道管とつながっている。

(5) 葉でつくられた栄養分が運ばれるオの管を何といいますか。
（ **師管** ）
茎の師管とつながっている。

(6) エとオが集まってできた束を何といいますか。（ **維管束** ）

(7) 葉の(6)のものは，茎の(6)のものとつながっていますか。
（ **つながっている。** ）

---

16 水を外に出すしくみ
➡本冊 p.45

覚えておきたい用語

□①根から吸い上げられた水が水蒸気になって植物の体の外に出ていくこと。
蒸散

□②水蒸気が出ていくときに通る葉の小さな穴。 **気孔**

練習問題

1 図のように，葉の枚数や大きさが同じようなアジサイの枝を用意し，水の減った量を調べました。次の問いに答えましょう。

(1) 実験で，ワセリンをぬったところからは水が出ていきますか。
（ **出ていかない。** ）
ワセリンをぬると，蒸散できない。

(2) 水の減り方が大きかった枝では，葉で何という現象がさかんでしたか。
（ **蒸散** ）

(3) (2)の現象で，水は何になって植物の外に出ていきますか。
（ **水蒸気** ）

(4) (2)の現象で，(3)のすがたになった水は葉の何とよばれる穴から外に出ていきますか。
（ **気孔** ）

(5) Aでは，Bよりも水がたくさん減っていました。このとき，(4)は葉の表と裏のどちらに多いと考えられますか。
（ **裏** ）

A：主に葉の裏から蒸散　B：主に葉の表から蒸散

A　B
油
水
葉の表にワセリン　葉の裏にワセリン

---

17 食物の通り道
➡本冊 p.47

覚えておきたい用語

□①口から肛門までつながった食物の通り道。 **消化管**

□②食物の消化にかかわる液。 **消化液**

□③消化液にふくまれていて，食物中の養分を分解するはたらきをもつ物質。
消化酵素

□④だ液にふくまれる消化酵素。 **アミラーゼ**

練習問題

1 下の図について，あとの問いに答えましょう。

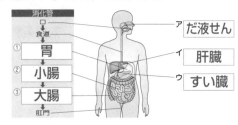

消化管
食道
① **胃**
② **小腸**
③ **大腸**
肛門

ア **だ液せん**
イ **肝臓**
ウ **すい臓**

(1) 上の図の①～③とア～ウにあてはまる器官の名前を書きましょう。

(2) アから口に出される消化液を何といいますか。（ **だ液** ）
だ液はデンプンを分解するアミラーゼをふくむ。

(3) ウでつくられ，小腸に出される消化液を何といいますか。（ **すい液** ）
すい液はデンプン，タンパク質，脂肪を分解する消化酵素をふくむ。

(4) 胃液は何という器官から出されますか。（ **胃** ）
胃液はタンパク質を分解するペプシンをふくむ。

だ液のはたらき　→本冊 p.49

練習問題 1

だ液のはたらきを調べるために，次の①〜⑤のような操作を行いました。あとの問いに答えましょう。

①試験管A，Bにうすめただ液とデンプン溶液を入れる。
②試験管C，Dに水とデンプン溶液を入れる。
③試験管A，B，C，Dを約40℃の湯を入れたビーカーに5分ほど入れる。
④試験管A，Cに少量のヨウ素液を入れ，変化を調べる。
⑤試験管B，Dに少量のベネジクト液を入れ，加熱して変化を調べる。

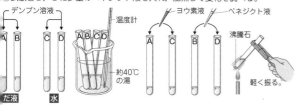

(1) 操作③で試験管を約40℃の湯に入れるのはなぜですか。次のア，イから選びましょう。　（ イ ）
ア　デンプン溶液の中の菌をなくすため。
イ　ヒトの体温と同じくらいにするため。
消化酵素はヒトの体温に近い温度でよくはたらく。

(2) 操作④で，液の色が青紫色になったのは，A，Cのどちらですか。（ C ）
デンプンがあると青紫色になる。

(3) (2)より，デンプンがなくなっているのは，A，Cのどちらですか。（ A ）
Aでは，だ液のはたらきでデンプンが分解される。

(4) 操作⑤で，液に赤褐色の沈殿ができたのは，B，Dのどちらですか。（ B ）
デンプンが分解されたものがあると赤褐色の沈殿ができる。

(5) (4)より，麦芽糖などができているのは，B，Dのどちらですか。（ B ）

(6) 実験結果より，何がデンプンを分解したといえますか。（ だ液 ）

18 消化されたものはどこへ行く？　→本冊 p.51

覚えておきたい用語

□①デンプンが消化されてできる物質。　ブドウ糖

□②タンパク質が消化されてできる物質。　アミノ酸

□③消化された養分が吸収される器官。　小腸

□④小腸の壁のひだにある無数の突起。　柔毛

□⑤柔毛で吸収されたブドウ糖やアミノ酸が入る管。　毛細血管

練習問題

① 右の図1はヒトの消化管にある器官で，図2はその表面にある突起を模式的に表したものです。次の問いに答えましょう。

(1) 図1は，消化した養分を吸収する器官です。何という器官ですか。
（ 小腸 ）

図1　図2

(2) (1)の器官の表面にある図2の突起を何といいますか。
（ 柔毛 ）
小腸にはたくさんのひだがあり，表面には無数の柔毛がある。

(3) 脂肪酸とモノグリセリドは，柔毛に入って脂肪にもどった後，図2の突起のア，イのどちらの部分に吸収されますか。（ イ ）

(4) (3)で答えた部分の名前を答えましょう。（ リンパ管 ）
アは毛細血管で，ブドウ糖やアミノ酸が吸収される。

(5) 図2のような突起があるつくりによって，図1の器官の表面積は大きくなりますか，小さくなりますか。（ 大きくなる。 ）

19 呼吸のしくみ　→本冊 p.53

覚えておきたい用語

□①口から肺につながる管。　気管

□②気管支の先の袋になった部分。　肺胞

□③肺胞のまわりにある細い血管。　毛細血管

□④血液によって運ばれてきた酸素を使って，細胞が養分からエネルギーをつくり出すはたらき。　細胞呼吸

練習問題

① 図は，ヒトの肺のつくりを表したものです。次の問いに答えましょう。

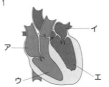

(1) 図で，鼻や口から吸いこまれた空気が通るAを何といいますか。
（ 気管 ）

(2) 図で，(1)が枝分かれした先にある袋Bを何といいますか。
（ 肺胞 ）
吸いこんだ空気は　気管→気管支→肺胞と進む。

(3) 図の袋Bのまわりにある血管Cを何といいますか。
（ 毛細血管 ）
肺胞のまわりを毛細血管がとり囲む。

(4) 図で，吸いこまれた空気から血液中にとりこまれている気体⑦は何ですか。
（ 酸素 ）
とりこまれた酸素は全身の細胞に運ばれる。

(5) 図で，血液中から(2)の中に出されている気体①は何ですか。
（ 二酸化炭素 ）
細胞で不要になった二酸化炭素は肺から体外に出る。

20 血液を送り出せ！　→本冊 p.55

覚えておきたい用語

□①心臓から送り出された血液が流れる血管。　動脈

□②心臓にもどる血液が流れる血管。　静脈

□③血液の固形成分で，酸素を運ぶもの。　赤血球

□④血液の液体成分。　血しょう

練習問題

① 図1は正面から見た心臓のつくりを，図2は血液と細胞との間での物質の受けわたしを表したものです。あとの問いに答えましょう。

図1　図2

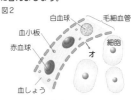

(1) 全身に血液を送り出す左心室を，図1のア〜エから選びましょう。
（ エ ）
アは右心房，イは左心房，ウは右心室。

(2) ところどころに弁があるのは，動脈ですか，静脈ですか。（ 静脈 ）
動脈の壁は厚く，弾力がある。

(3) 図2の赤血球にふくまれていて，酸素を運ぶはたらきをしている物質を何といいますか。（ ヘモグロビン ）
ヘモグロビンは酸素の多いところで酸素を受けとり，少ないところではなす。

(4) 図2で，血しょうがしみ出たオを何といいますか。（ 組織液 ）
組織液を通して，血液と細胞の間で物質の受けわたしを行う。

21 血液の行き先とはたらき
→本冊 p.57

覚 えておきたい用語

□①心臓から全身を通り，心臓にもどる血液の循環。 **体循環**

□②心臓から肺を通り，心臓にもどる血液の循環。 **肺循環**

□③酸素を多くふくむ血液。 **動脈血**

□④二酸化炭素を多くふくむ血液。 **静脈血**

練習問題

❶ 図は，ヒトの血液の循環のようすを表した模式図です。次の問いに答えましょう。

(1) 図のア，イの器官を何といいますか。

ア（ **肺** ）
イ（ **心臓** ）

(2) 図のイを出て，全身の細胞をめぐり再びイにもどる循環を何といいますか。

（ **体循環** ）

心臓→全身→心臓が体循環。

(3) 酸素を多くふくむ動脈血が流れているのは，図の赤，青どちらの色の血管ですか。

（ **赤** ）

肺を通過後，心臓を通り，全身へ向かうのが動脈血。

(4) 養分を最も多くふくむ血液が流れている血管は，A～Kのどれですか。

（ **G** ）

小腸を通過後の血液は養分を多くふくむ。

(5) 酸素を最も多くふくむ血液が流れている血管は，A～Kのどれですか。

（ **C** ）

肺を通過後の血液は酸素を多くふくむ。

---

22 不要な物質を体の外へ
→本冊 p.59

覚 えておきたい用語

□①体の中で不要になった物質を体外に出すこと。 **排出**

□②細胞の活動でできたアンモニアを，無害な物質に変える器官。 **肝臓**

□③アンモニアが変えられてできた無害な物質。 **尿素**

□④尿素などの不要な物質を血液からとり除く器官。 **じん臓**

練習問題

❶ 図は，不要な物質を体外に排出するつくりです。次の問いに答えましょう。

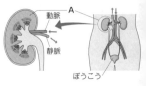

(1) 細胞でできたある不要な物質は，肝臓で尿素に変えられます。この不要な物質とは何ですか。

（ **アンモニア** ）

アンモニアは有害な物質。

(2) 図のAの器官を何といいますか。

（ **じん臓** ）

(3) 図のAの器官は，どのようなはたらきをしますか。次のア～ウから選びましょう。

（ **イ** ）

ア　血液中から二酸化炭素をとり除く。
イ　血液中から尿素をとり除く。
ウ　血液中からアンモニアをとり除く。

二酸化炭素を排出するのは肺。

(4) (3)でとり除かれたものは，何として排出されますか。（ **尿** ）

尿はぼうこうに一時ためられた後，排出される。

---

23 刺激を受けとる器官
→本冊 p.61

覚 えておきたい用語

□①光や音など，さまざまな刺激を受けとる器官。 **感覚器官**

□②レンズを通って目に入った光が像を結ぶ部分。 **網膜**

□③耳の中で，音の振動をはじめに受けとる部分。 **鼓膜**

□④感覚器官が受けとった刺激の信号を脳に伝える部分。 **感覚神経**

練習問題

❶ 図は，ヒトの目と耳のつくりを表しています。次の問いに答えましょう。

(1) 目と耳によって生じる感覚をそれぞれ何といいますか。次のア～オから選びましょう。

目（ **イ** ）耳（ **オ** ）

ア　嗅覚　　イ　視覚
ウ　味覚　　エ　触覚
オ　聴覚

舌，鼻，皮膚で生じる感覚も考えよう。

(2) 次の①～③のはたらきをする部分を，図のA～Hから選び，その部分の名前も答えましょう。

① 目に入る光の量を調節する。 記号（ **A** ） 名前（ **虹彩** ）
② 音の振動がはじめに伝わる。 記号（ **E** ） 名前（ **鼓膜** ）
③ 光の像が結ばれる。 記号（ **C** ） 名前（ **網膜** ）

Bはレンズ（水晶体）で，光を屈折させて像を網膜上に結ぶ。

(3) 光や音の刺激の信号を脳に伝える神経といわれる部分を，A～Hからすべて選びましょう。

（ **D，H** ）

---

24 刺激に対する反応
→本冊 p.63

覚 えておきたい用語

□①刺激に対して判断や命令を行う脳や脊髄のこと。 **中枢神経**

□②感覚器官で受けた刺激の信号を中枢神経に伝える神経。 **感覚神経**

□③中枢神経の出した命令の信号を筋肉に伝える神経。 **運動神経**

□④刺激に対して無意識に起こる反応。 **反射**

練習問題

❶ 図は，ヒトが感覚器官で刺激を受けとってから運動器官で反応が起こるまでの経路を模式的に表したものです。次の問いに答えましょう。

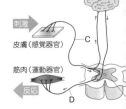

(1) 図のA～Dはそれぞれ何を表していますか。

A（ **脳** ）
B（ **脊髄** ）
C（ **感覚神経** ）
D（ **運動神経** ）

(2) 熱いものにふれて意識せずに手を引くときの，刺激と反応の経路は，次のア，イのどちらですか。

（ **ア** ）

ア　皮膚→C→B→D→筋肉
イ　皮膚→C→B→A→B→D→筋肉

脊髄からの命令で行動すると，はやく反応できる。

(3) (2)のような無意識の反応を何といいますか。（ **反射** ）

反射は危険から身を守ることなどに役立っている。

8

25 うでやあしはなぜ曲がる

→本冊 p.65

覚 えておきたい用語

□① 体を支えたり動かしたりするはたらきをもつ，骨が組み合わさったもの。

> **骨格**

□② 骨と骨とのつなぎ目で，曲げたりまわしたりできる部分。

> **関節**

□③ 筋肉の両端で骨につながっている部分。

> **けん**

練習問題

① 下の図は，ヒトがうでを曲げたりのばしたりするときの骨と筋肉のようすを表したものです。あとの問いに答えましょう。

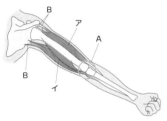 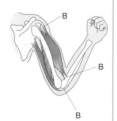

(1) 図のAは骨と骨がつながっている部分です。この部分を何といいますか。

> （ **関節** ）

関節の部分で曲げたりできる。

(2) 筋肉が骨につながっている図のBの部分を何といいますか。

> （ **けん** ）

けんは関節をまたいでつながっている。

(3) うでを曲げるとき，アとイの筋肉はそれぞれ縮みますか，ゆるみますか。

> ア（ **縮む** ） イ（ **ゆるむ** ）

まとめのテスト 2 生物の体のつくりとはたらき

→本冊 p.66

1 (1) 核
(2) B，D，E

解説 (2) Bは細胞壁，Dは葉緑体，Eは液胞。

2 (1) 葉緑体
(2) A…水　　 B…二酸化炭素
　 C…酸素
(3) 気孔　　 (4) 蒸散
(5) E…師管　　 F…道管　　 (6) 維管束

解説 根からの水は道管を通り，葉緑体でつくられた栄養分は師管を通って運ばれる。

3 (1) 消化酵素　　 (2) アミノ酸　　 (3) 柔毛

解説 デンプンはブドウ糖に，タンパク質はアミノ酸に分解され柔毛の毛細血管に入る。

4 (1) A…肺　　 B…心臓
(2) b，c　　 (3) 尿素
(4) じん臓

解説 (2) 動脈血は酸素を多くふくむ血液。

5 (1) ① C　② A　③ D
(2) 反射

解説 (1) Aは虹彩，Bはレンズ(水晶体)，Cは網膜，Dは神経。レンズは光を屈折させる。

---

26 回路をかんたんに表そう！

→本冊 p.71

覚 えておきたい用語

□① 電流の流れる道すじ。

> **回路**

□② 電気用図記号 ─┤├─ が表しているもの。

> **電池(直流電源)**

□③ 電流の道すじが，1本になっている回路。

> **直列回路**

□④ 電流の道すじが枝分かれしている回路。

> **並列回路**

練習問題

① 下の図の①，②の回路を，電気用図記号を用いた回路図で表しましょう。また，それぞれの回路を何回路といいますか。

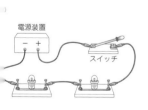 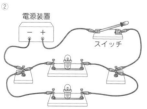

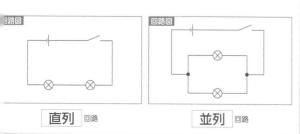

> **直列** 回路　　 **並列** 回路

実習のページ 電流と電圧の大きさ

→本冊 p.72

練習問題 1 実習①について，次の問いに答えましょう。

(1) 電流計は，測定したい点に直列につなぎますか，並列につなぎますか。

> （ **直列** ）

(2) 電流計で最初につなぐ－端子を，図1のア～エから選びましょう。

> （ **ウ** ）

図1

(3) 500mAの－端子につないだとき，電流計の針が図2のようになりました。電流の大きさは何mAですか。

> （ **250mA** ）

図2
500mA端子

練習問題 2 実習②について，次の問いに答えましょう。

(1) 電圧計は，測定したい区間に直列につなぎますか，並列につなぎますか。

> （ **並列** ）

(2) 電圧計で最初につなぐ－端子を，図1のア～エから選びましょう。

> （ **ア** ）

図1

(3) 3Vの－端子につないだとき，電圧計の針が図2のようになりました。電圧の大きさは何Vですか。

> （ **1.20V** ）

図2
3V端子

練習問題

1 図のように，種類のちがう2つの豆電球をつないだ回路をつくり，回路に流れる電流の大きさを調べました。次の問いに答えましょう。

(1) 図のような豆電球のつなぎ方をする回路を何回路といいますか。

（ 直列回路 ）

(2) 点Aを流れる電流が250mAのとき，①，②に答えましょう。

① 点B，Cを流れる電流は何mAですか。
B（ 250mA ） C（ 250mA ）
直列回路では，電流はどこも等しい。

② 点A，B，Cを流れる電流をI_A，I_B，I_Cとしたとき，I_A，I_B，I_Cの間にはどのような関係がありますか。次のア，イから選びましょう。（ イ ）
ア $I_A = I_B + I_C$　　　イ $I_A = I_B = I_C$

2 図のように，種類のちがう2つの豆電球をつないだ並列回路をつくり，回路に流れる電流の大きさを調べました。点Aを流れる電流が250mAで，点Bを流れる電流が120mAのとき，次の問いに答えましょう。

(1) 点C，Dを流れる電流は何mAですか。

C（ 130mA ）
D（ 250mA ）
DはAと同じ値になる。

(2) 点A，B，C，Dを流れる電流をI_A，I_B，I_C，I_Dとしたとき，I_A，I_B，I_C，I_Dの間にはどのような関係がありますか。次のア，イから選びましょう。
ア $I_A = I_B + I_C = I_D$　　　イ $I_A = I_B = I_C = I_D$
（ ア ）

練習問題

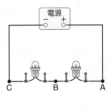

1 図のように，種類のちがう2つの豆電球を直列につなぎ，各部分の電圧を測定しました。電源の電圧Vが3.0Vで，AB間の電圧V_{AB}が1.8Vのとき，次の問いに答えましょう。

(1) BC間の電圧V_{BC}と，AC間の電圧V_{AC}はそれぞれ何Vですか。
V_{BC}（ 1.2V ）
V_{AC}（ 3.0V ）
V_{AC}は電源の電圧と等しい。

(2) 図の各部分の電圧V_{AB}，V_{BC}，V_{AC}の間にはどのような関係がありますか。次のア，イから選びましょう。
（ ア ）

ア $V_{AB} + V_{BC} = V_{AC}$
イ $V_{AB} = V_{BC} = V_{AC}$
各部分の電圧の和が全体の電圧に等しい。

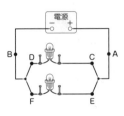

2 図のように，種類のちがう2つの豆電球を並列につなぎ，各部分の電圧を測定しました。AB間の電圧V_{AB}が3.0Vのとき，次の問いに答えましょう。

(1) 点CD間の電圧V_{CD}，EF間の電圧V_{EF}はそれぞれ何Vですか。
V_{CD}（ 3.0V ）
V_{EF}（ 3.0V ）
各部分の電圧は，全体の電圧と等しい。

(2) 図の各部分の電圧V_{AB}，V_{CD}，V_{EF}の間にはどのような関係がありますか。次のア，イから選びましょう。
（ イ ）

ア $V_{EF} = V_{AB} + V_{CD}$
イ $V_{AB} = V_{CD} = V_{EF}$

実験のページ 電圧と電流の関係 →本冊 p.78

練習問題 1　実験①について，次の問いに答えましょう。

(1) 電流の流れにくさのことを何といいますか。　　（ 抵抗（電気抵抗） ）

(2) (1)の単位には何を使いますか。その記号も答えましょう。
単位（ オーム ）
記号（ Ω ）

練習問題 2　実験②について，次の問いに答えましょう。

図1　3V　0.3A　?Ω
図2　6V　?A　10Ω
図3　?V　0.3A　12Ω

(1) 図1の回路で，抵抗器の抵抗は何Ωですか。　（ 10Ω ）

(2) 図2の回路で，抵抗器に流れる電流は何Aですか。　（ 0.6A ）

(3) 図3の回路で，抵抗器に加わる電圧は何Vですか。　（ 3.6V ）

練習問題

1 2つの抵抗器を右の図のようにつないだところ，回路に0.3Aの電流が流れました。次の問いに答えましょう。

(1) 図のような抵抗器のつなぎ方を何といいますか。

（ 直列つなぎ ）

20Ω　12Ω　0.3A

(2) 右の図の回路全体の抵抗は，何Ωになりますか。

（ 32Ω ）

20〔Ω〕＋12〔Ω〕＝32〔Ω〕

(3) 右の図の回路の電源の電圧は何Vですか。
オームの法則より，　　　　　　　　（ 9.6V ）
電圧＝抵抗×電流＝32〔Ω〕×0.3〔A〕＝9.6〔V〕

30 抵抗を並列につなぐと

➡本冊 p.83

練習問題

❶ 2つの抵抗器を右の図のようにつないだところ, 回路に0.6Aの電流が流れました。次の問いに答えましょう。

(1) 図のような抵抗器のつなぎ方を何といいますか。

（ **並列つなぎ** ）

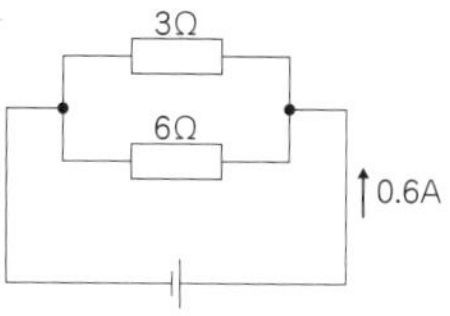

(2) 右の図の回路全体の抵抗は, 何Ωになりますか。

（ **2Ω** ）

$$\frac{1}{R}=\frac{1}{3}+\frac{1}{6}=\frac{1}{2}$$

(3) 右の図の回路の電源の電圧は何Vですか。
オームの法則より,

（ **1.2V** ）

電圧＝抵抗×電流＝2〔Ω〕×0.6〔A〕＝1.2〔V〕

---

31 電気のはたらきの表し方

➡本冊 p.85

覚 えておきたい用語

□①電気がもつ, 熱を出したりものを動かしたりする能力のこと。

　 電気エネルギー

□②1秒間に使われる電気エネルギー。電圧と電流の積で表される。

　 電力

□③電力の単位Wの読み方。

　 ワット

練習問題

❶ 右の図は, 身のまわりにある電気器具とそのラベルに示されていた数字を表したものです。次の問いに答えましょう。

A 100V-84W

(1) Aのテレビを100Vの電源を用いて使ったとき, 何Wの電力が消費されますか。（ **84W** ）

B

100V-40W

(2) A～Cのうちで, 100Vの電源を用いて使ったとき, 消費される電力が最も大きいのはどれですか。記号で答えましょう。（ **C** ）

C

100V-1200W

(3) BとCを100Vの電源を用いて同時に使うと, 消費される電力は何Wになりますか。（ **1240W** ）
40〔W〕＋1200〔W〕＝1240〔W〕

(4) Bの電球を100Vの電源を用いて使ったとき, 何Aの電流が流れますか。（ **0.4A** ）

電流＝$\frac{電力}{電圧}$＝$\frac{40〔W〕}{100〔V〕}$＝0.4〔A〕

---

32 電流が出す熱の量

➡本冊 p.87

覚 えておきたい用語

□①電熱線に電流を流したとき, 電熱線から発生する熱の量。電力と時間の積で表される。

　 熱量

□②電気器具などで消費される電気エネルギーの量。電力と時間の積で表される。

　 電力量

□③熱量や電力量の単位Jの読み方。

　 ジュール

練習問題

❶ 右の図のような回路で, ㋐6V-6W, ㋑6V-18Wの電熱線に6Vの電圧を加えて5分間電流を流し, 水の上昇温度を調べました。表はその結果を表したものです。次の問いに答えましょう。

(1) 5分間の水の上昇温度が大きかったのは, ㋐, ㋑のどちらですか。

（ **㋑** ）

㋐は4.4℃, ㋑は13.0℃上昇した。

(2) 5分間で発生した熱量が大きかった電熱線は, ㋐, ㋑のどちらですか。

（ **㋑** ）

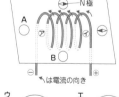

(3) 電熱線に電流を流す時間が長いほど, 発生する熱量はどうなりますか。

（ **大きくなる。** ）

電熱線の発熱量は, 電力と時間に比例する。

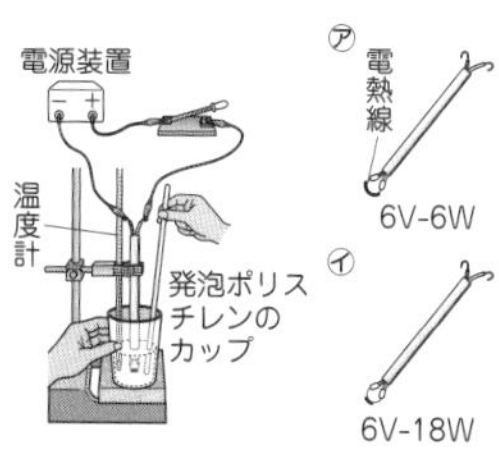

	開始前の水温	5分後の水温
㋐6V-6W	16.0℃	20.4℃
㋑6V-18W	16.0℃	29.0℃

(4) ㋐の電熱線に6Vの電圧を60秒間加えたときの電力量は何Jですか。

（ **360J** ）

6〔W〕×60〔s〕＝360〔J〕

---

33 電磁石！N極はどう決まる

➡本冊 p.89

覚 えておきたい用語

□①磁力がはたらいている空間。

　 磁界

□②N極からS極に向かう磁界を, 線と矢印で表したもの。

　 磁力線

□③磁界の中で, 方位磁針のN極が指す向き。

　 磁界の向き

練習問題

❶ 右の図のようにコイルに電流を流しました。次の問いに答えましょう。

(1) 図の方位磁針のN極が指す向きのことを何といいますか。

（ **磁界の向き** ）

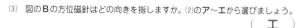

(2) 図のAの方位磁針はどの向きを指しますか。次の㋐～㋓から選びましょう。

（ **ウ** ）

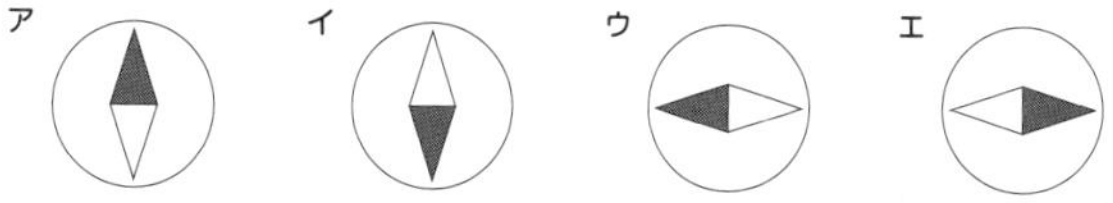

ア	イ	ウ	エ

(3) 図のBの方位磁針はどの向きを指しますか。(2)のア～エから選びましょう。

（ **エ** ）

(4) コイルの端の㋐と㋑で, N極になっているのはどちらですか。（ **㋐** ）
Aの方位磁針のS極が指すほうが, コイルのN極。

(5) 図のコイルにできる磁界の向きを反対にするには, どうすればよいですか。

（ **電流の向きを逆にする。** ）

電流が磁界の中で受ける力 ➡本冊 p.90

練習問題 1 実験①について，次の問いに答えましょう。

(1) 磁界の中でコイルに電流を流すと，コイルは動きますか。
（ **動く。** ）

(2) 磁界の中を流れる電流が受ける力の向きは，何の向きに垂直になっていますか。
2つ答えましょう。
（ **電流の向き** ）（ **磁界の向き** ）

練習問題 2 実験②について，実験①の装置を，次の①〜④のように条件を変えたとき，コイルの動きはどのようになりますか。それぞれ下のア〜ウから選びましょう。

① コイルに流れる電流を逆向きにする。 （ **イ** ）

② 磁石のN極とS極を入れかえる。 （ **イ** ）

③ コイルに流れる電流を逆向きにし，磁石のN極とS極を入れかえる。
（ **ア** ）

④ コイルに流れる電流を大きくする。 （ **ウ** ）
ア 同じ向きに動く。
イ 逆向きに動く。
ウ 大きく動く。

㉞ コイルの中で磁石を動かすと
➡本冊 p.93

覚 えておきたい用語

□①コイルの中の磁界が変化したとき，電圧が生じて電流が流れること。
電磁誘導

□②電磁誘導によって流れる電流のこと。
誘導電流

練習問題

❶ 図のように，磁石のN極をコイルに入れると電流が流れました。次の問いに答えましょう。

(1) 次のとき，コイルに電流は流れますか。それぞれ下のア〜ウから選びましょう。
① 磁石のN極をコイルから出す。 （ **イ** ）
動きを逆向きにすると逆向きに流れる。
② 磁石のS極をコイルに入れる。 （ **イ** ）
極を逆にすると逆向きに流れる。
③ 磁石のS極をコイルに入れたまま動かさない。 （ **ウ** ）
磁界が変化しないと流れない。
ア 図のときと同じ向きに流れる。
イ 図のときと逆向きに流れる。
ウ 流れない。

検流計　棒磁石　コイル

(2) コイルに流れる電流を大きくする方法を，次のア〜エから2つ選びましょう。
（ **イ，ウ** ）
ア 磁石をゆっくり動かす。　イ 磁石をすばやく動かす。
ウ コイルの巻数を多くする。　エ コイルの巻数を少なくする。

㉟ ＋とーが入れかわる電流があるの？
➡本冊 p.95

覚 えておきたい用語

□①乾電池から流れる電流。電流の向きが変わらない。 **直流**

□②家庭のコンセントから流れる電流。電流の向きが周期的に変わる。
交流

□③交流で1秒間にくり返す波の回数。 **周波数**

□④周波数の単位Hzの読み方。 **ヘルツ**

練習問題

❶ 下の図は，直流，交流どちらかの電流の時間変化をオシロスコープに表示したものです。あとの問いに答えましょう。

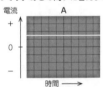
電流　A　　電流　B
＋　0　−　時間 →

(1) 電流の向きが周期的に変わっているのは，A，Bのどちらですか。
（ **B** ）
波形が＋になったり，−になったりしている。

(2) A，Bはそれぞれ，直流，交流どちらの電流のようすを表したものですか。
A（ **直流** ）B（ **交流** ）
流れる向きが＋→−，−→＋と変わるのが交流。

(3) 発光ダイオードをつないだときに点滅するのは，A，Bのどちらですか。
（ **B** ）
発光ダイオードは，一定の向きだけに電流が流れる。

㊱ 静電気の正体
➡本冊 p.97

覚 えておきたい用語

□①2種類の物体の摩擦によって生じる電気。 **静電気**

□②2種類の物体をこすり合わせたとき，一方からもう一方に移動する−の電気をもつもの。 **電子**

練習問題

❶ 右の図のように，ストローA，Bをティッシュペーパーでこすりました。次の問いに答えましょう。

(1) ストローAにストローBを近づけると，どうなりますか。次のア〜ウから選びましょう。
（ **イ** ）
ア 引きつけ合う。
イ しりぞけ合う。
ウ どちらも動かない。
同じ種類の電気を帯びている。

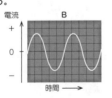
ストローA　ストローB
ティッシュペーパーでストローAとストローBをこする。

(2) ストローAにティッシュペーパーを近づけると，どうなりますか。(1)のア〜ウから選びましょう。
（ **ア** ）
ちがう種類の電気を帯びている。

ストローA　ティッシュペーパー

(3) こすった後のティッシュペーパーとストローについて，次のア，イから正しいものを選びましょう。
（ **イ** ）
ア ティッシュペーパーとストローは同じ種類の電気を帯びている。
イ ティッシュペーパーとストローはちがう種類の電気を帯びている。
−の電気をもつ粒子（電子）が，ティッシュペーパーからストローに移動した。

37 電子の流れ

➔本冊 p.99

覚えておきたい用語

□①気圧が低い空間を電流が流れること。　**真空放電**

□②放電管に大きな電圧を加えたとき，−極から＋極に向かう−の電気をもった粒子。　**電子**

□③放電管の中を電子が移動することでできる光のすじ。　**電子線(陰極線)**

練習問題

1 放電管に大きな電圧を加えたところ，図1の㋐のような光のすじが見られました。図2は，放電管の上下の電極板に電圧を加えたときのようすです。次の問いに答えましょう。

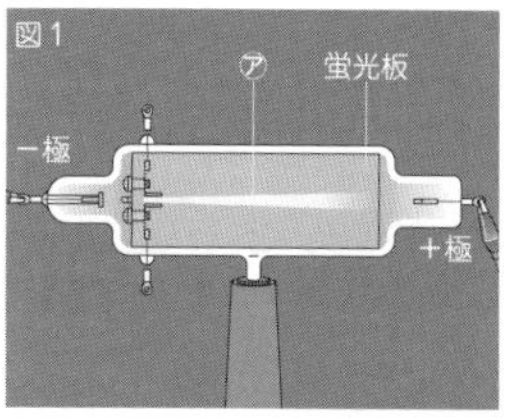

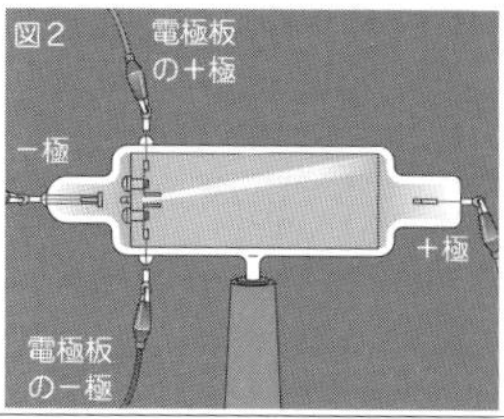

(1) 図1の光のすじ㋐のことを何といいますか。
（ **電子線(陰極線)** ）

(2) 光のすじ㋐は何の流れですか。
（ **電子** ）
−極から＋極に向かっている。

(3) 図2のように，電極板の上下にも電圧を加えたところ，光のすじは上方向に曲がりました。(2)にはどんな性質がありますか。ア〜ウから選びましょう。
（ **イ** ）

ア ＋の電気をもつ。
イ −の電気をもつ。
ウ 磁石に引きつけられる。

まとめのテスト 3 電流とその利用

➔本冊 p.100

1 (1)右の図
(2)5A
(3)340mA

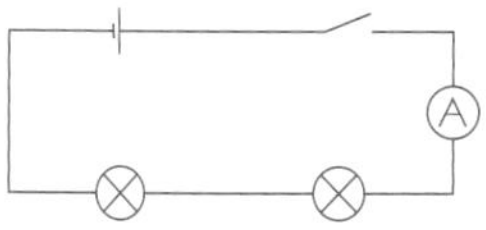

解説 (2)大きな電流が流れたとき電流計がこわれないようにするため。

2 ①5A　②4.0Ω　③2.0V

解説 ①電流＝$\frac{電圧}{抵抗}=\frac{15〔V〕}{3〔Ω〕}$＝5〔A〕

②抵抗＝$\frac{電圧}{電流}=\frac{6〔V〕}{1.5〔A〕}$＝4.0〔Ω〕

③この回路の抵抗は，$\frac{1}{10}+\frac{1}{10}=\frac{1}{5}$より，5〔Ω〕
よって，電圧は，5〔Ω〕×0.4〔A〕＝2.0〔V〕

3 ①イ　②イ　③ア

解説 ①電流の向きが逆。②磁界の向きが逆。
③電流の向きも磁界の向きも逆。

4 (1)誘導電流　(2)イ

解説 (2)磁石を動かさないと電流は流れない。

5 (1)電子線(陰極線)　(2)−(極から)＋
(3)−の電気

解説 −の電気をもつ電子は，＋極に引かれる。

38 気象の調べ方・表し方

➔本冊 p.105

覚えておきたい用語

□①気象要素のうち，空気の湿りけを表すもの。単位は%を用いる。　**湿度**

□②気象要素のうち，風がふいてくる方位を示すもの。　**風向**

□③気圧の単位hPaの読み方。　**ヘクトパスカル**

□④雲量2〜8のときの天気。　**晴れ**

練習問題

1 下の図1は，ある地点での空全体のようすを撮影したもので，図2はその地点での気象要素を天気図記号を用いて表したものです。ただし，天気の部分は記入されていません。あとの問いに答えましょう。

図1
雲量10

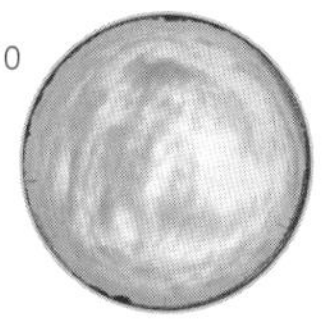

図2

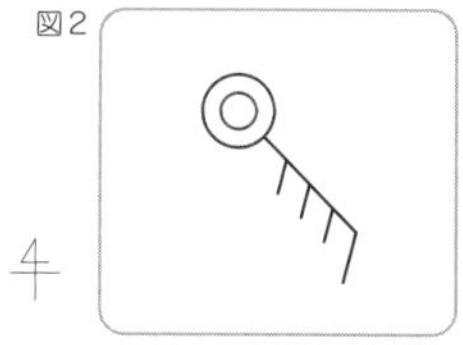

(1) 図1より，この地点の天気を答えましょう。また，その天気の記号を図2にかきこみましょう。
（ **くもり** ）
雲量9〜10はくもり。

(2) この地点での風力はいくつですか。
（ **4** ）
矢ばねの数を数える。

(3) この地点での風はどちらの方位からふいていますか。次のア〜エから選びましょう。
（ **ア** ）

ア 南東　イ 南西　ウ 北西　エ 北東

矢ばねから円に向かって風がふく。

39 天気と気温・湿度の変化

➔本冊 p.107

練習問題

1 下の図は，ある日の気温と湿度の変化を表したグラフです。あとの問いに答えましょう。

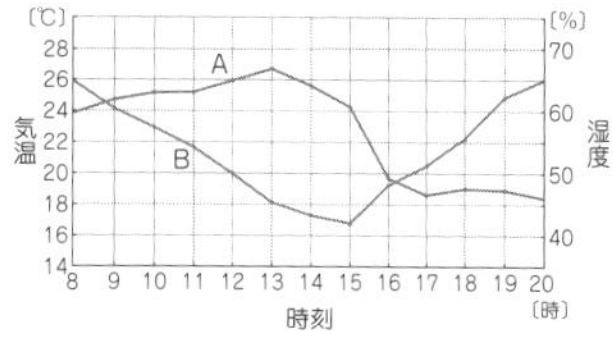

(1) この日の天気は，次のア，イのどちらでしたか。
（ **ア** ）
ア 晴れ　イ くもり
気温も湿度も変化が大きいので晴れ。

(2) 気温の変化を表しているのは，A，Bのうちどちらのグラフですか。
（ **A** ）
正午すぎに最高になるのが気温。

(3) 晴れた日に，気温が高くなると，湿度はどうなりますか。
湿度と気温は逆の変化をする。
（ **低くなる。** ）

40 押されたときの力

→本冊 p.109

覚えておきたい用語・公式

□①一定の面積にはたらく力の大きさのこと。　**圧力**

□②圧力の単位。記号はPa。　**パスカル**

□③圧力〔Pa〕＝ $\dfrac{面を押す \boxed{ア} 〔N〕}{力がはたらく \boxed{イ} 〔m^2〕}$　　ア **力の大きさ**　イ **面積**

練習問題

❶ 圧力について，次の問いに答えましょう。ただし，質量100gの物体にはたらく重力の大きさを1Nとします。

(1) スポンジの上に水の入ったペットボトルをのせます。下の図のアとイで，スポンジのへこみ方が大きいのはどちらですか。　（ **イ** ）

圧力が大きいほどスポンジのへこみ方が大きい。

ア　　　　　　　　イ

スポンジ　　　　　スポンジ
面積大→圧力小　　面積小→圧力大

(2) 10Nの力で2m²の板を垂直に押しているとき，板に加わる圧力は何Paですか。　（ **5Pa** ）

10〔N〕÷2〔m²〕＝5〔Pa〕

(3) 質量が600g，底面積が0.6m²の物体を板の上に置いたとき，物体が板に加える圧力は何Paですか。　（ **10Pa** ）

6〔N〕÷0.6〔m²〕＝10〔Pa〕

---

41 空気による力

→本冊 p.111

覚えておきたい用語

□①空気の重さによる圧力。　**大気圧（気圧）**

練習問題

❶ 空気による圧力について，次の問いに答えましょう。

(1) 空気には，重さがありますか。　（ **ある。** ）

(2) 大気圧について，次のア〜エから正しいものをすべて選びましょう。　（ **イ，ウ** ）

ア　上下の方向だけからはたらく。
イ　すべての方向からはたらく。
ウ　大気圧の大きさは，上空にある空気の重さに関係している。
エ　大気圧の大きさは，空気中にある物体の体積に関係している。

(3) 海面上と山の上で，大気圧が大きいのはどちらですか。　（ **海面上** ）

上空の空気が多いと，大気圧は大きい。

(4) 海面上での大気圧の大きさは約何気圧ですか。　（ **1気圧** ）

(5) 1気圧とほとんど同じ大きさなのは，次のア，イのどちらですか。　（ **イ** ）

ア　1013Pa
イ　1013hPa
1気圧は約1013hPa。

(6) 気圧の単位に使われるhPaの読み方を答えましょう。　（ **ヘクトパスカル** ）

1ヘクトパスカルは100パスカル。

---

42 高気圧と低気圧！風はどこへふく

→本冊 p.113

覚えておきたい用語

□①天気図上で，気圧の等しいところをなめらかに結んだ線。　**等圧線**

□②まわりより気圧が高いところ。　**高気圧**

□③まわりより気圧が低いところ。　**低気圧**

練習問題

❶ 下の図1は，天気図の一部を表したもので，図2は，高気圧や低気圧付近での風のふき方を表したものです。あとの問いに答えましょう。

(1) 図1の天気図のA，Bは，高気圧，低気圧のどちらですか。
A（ **高気圧** ）
B（ **低気圧** ）

まわりより気圧が高いと高気圧，低いと低気圧。

(2) 図1のCの等圧線は何hPaを表していますか。　（ **1016hPa** ）

等圧線は4hPaごとに引かれている。

(3) 図1のA，Bでの風のふき方は，図2のア，イのどちらですか。
A（ **ア** ）
B（ **イ** ）

高気圧からは風がふき出し，低気圧には風がふきこむ。

---

43 空気がふくむことのできる水蒸気量

→本冊 p.115

覚えておきたい用語

□①1m³の空気にふくむことのできる水蒸気の最大限度の量。　**飽和水蒸気量**

□②空気が冷やされて飽和水蒸気量に達し，空気中の水蒸気が水滴になり始めるときの温度。　**露点**

練習問題

❶ 右の図のような装置を用いて，露点を調べる実験を行いました。表は，気温と飽和水蒸気量の関係を表したものです。次の問いに答えましょう。

(1) この部屋の気温は20℃でした。この部屋の空気の飽和水蒸気量は何g/m³ですか。　（ **17.3g/m³** ）

表の20℃のところに着目する。

(2) 金属製のコップに氷水を入れたところ，コップの表面に水滴がつきました。この水滴はどのようにできましたか。次のア，イから選びましょう。　（ **イ** ）

ア　コップの水がしみ出した。
イ　コップのまわりの空気にふくまれる水蒸気が水滴になった。

コップのまわりの空気が露点に達した。

(3) (2)で，水滴がつき始めたのは15℃のときでした。この部屋の空気にふくまれていた水蒸気量は何g/m³ですか。　（ **12.8g/m³** ）

この部屋の空気は15℃で飽和水蒸気量に達した（露点が15℃）。

温度計　ガラス棒でかき混ぜる。

氷水

金属製のコッ

気温〔℃〕	飽和水蒸気量〔g/m³〕
−5	3.4
0	4.8
5	6.8
10	9.4
15	12.8
20	17.3
25	23.1

44 どれだけの水蒸気をふくんでる？
→本冊 p.117

覚 えておきたい用語・公式

□①その空気が，飽和水蒸気量に対して何％の水蒸気をふくんでいるかを表した値。 ⟶ 湿度

□②湿度〔％〕＝ $\dfrac{\text{空気1m}^3\text{にふくまれる水蒸気量〔g/m}^3\text{〕}}{\text{その気温での 飽和水蒸気量 〔g/m}^3\text{〕}} \times 100$

練習問題

① 右の表は，それぞれの気温での飽和水蒸気量を示しています。次の問いに答えましょう。ただし，答えは小数第1位を四捨五入して，整数で答えましょう。

(1) 8℃での飽和水蒸気量は何g/m³ですか。右の表を見て答えましょう。

(**8.3g/m³**)

気温〔℃〕	飽和水蒸気量〔g/m³〕
0	4.8
2	5.6
4	6.4
6	7.3
8	8.3
10	9.4
12	10.7
14	12.1

(2) 気温8℃で6.4g/m³の水蒸気をふくむ空気があります。この空気の湿度は何％ですか。

(**77%**)

$\dfrac{6.4\text{〔g/m}^3\text{〕}}{8.3\text{〔g/m}^3\text{〕}} \times 100 = 77.1\cdots\text{〔％〕}$

(3) (2)の空気の温度を4℃に下げたところ，水蒸気量は6.4g/m³のままでした。湿度は何％になりますか。

(**100%**)

$\dfrac{6.4\text{〔g/m}^3\text{〕}}{6.4\text{〔g/m}^3\text{〕}} \times 100 = 100\text{〔％〕}$

(4) 水蒸気量が変わらない場合，湿度が高くなるのは，気温が高いときですか。低いときですか。

(**低いとき**)

気温が下がると，飽和水蒸気量(公式の分母)が小さくなる。

45 あの雲はどうやってできたの？
→本冊 p.119

覚 えておきたい用語

□①上昇する空気の動き。 ⟶ 上昇気流

□②水蒸気をふくむ空気が上昇し，膨張して気温が下がり，水蒸気が水滴や氷の粒となって上空に浮かんだもの。 ⟶ 雲

□③上空に浮かんだ雲の水滴が地上に落ちてきたもの。 ⟶ 雨(降水)

練習問題

① 図は，雲ができるようすを模式的に表したものです。次の問いに答えましょう。

(1) 地表であたためられた空気Aは，上昇していきます。その後どうなりますか。次のア～エから選びましょう。 (**イ**)

ア 膨張して，気温が上がる。
イ 膨張して，気温が下がる。
ウ 圧縮されて，気温が上がる。
エ 圧縮されて，気温が下がる。

上空は気圧が低いので空気は膨張する。

(2) (1)のように気温が変化して露点以下になると，上昇した空気にふくまれる水蒸気の一部は水滴や何の粒になりますか。

(**氷**)

上空の気温が0℃以下だと氷の粒ができる。

(3) (2)で答えたものが結晶のまま地上に落ちてきたものを何といいますか。

(**雪**)

水滴が落ちてきたものは雨。

46 とても大きな空気のかたまり
→本冊 p.121

覚 えておきたい用語

□①気温や湿度がほぼ一様な空気のかたまり。 ⟶ 気団

□②性質の異なる気団の境界面。 ⟶ 前線面

□③寒冷前線が温暖前線に追いついてできる前線。 ⟶ 閉塞前線

□④寒気と暖気の勢力が同じくらいで，ほぼ動かない前線。 ⟶ 停滞前線

練習問題

① 図は，性質の異なる大気のかたまりどうしがぶつかり合ったときのようすを表しています。次の問いに答えましょう。

(1) 気温や湿度などの性質が一様な大きな空気のかたまりを何といいますか。

(**気団**)

(2) 図のアのような，空気のかたまりの境界面が地表と接する部分を何といいますか。

(**前線**)

境界面は前線面という。

(3) 寒気と暖気の勢力が同じくらいのとき，(2)はほとんど動きません。このとき，(2)の付近では，どんな天気が続きますか。ア，イから選びましょう。

(**ア**)

ア くもりや雨　　イ 晴れ

つゆや秋雨の時期にできる停滞前線。

47 前線と天気の変化
→本冊 p.123

覚 えておきたい用語

□①寒気が暖気を押し上げるように進む前線。 ⟶ 寒冷前線

□②暖気が寒気の上にはい上がるように進む前線。 ⟶ 温暖前線

□③寒冷前線付近にできる，せまい範囲に激しい雨を短時間降らせる雲。 ⟶ 積乱雲

□④温暖前線付近にできる，広い範囲に弱い雨を長時間降らせる雲。 ⟶ 乱層雲

練習問題

① 下の図は，寒冷前線と温暖前線の断面を模式的に表したものです。あとの問いに答えましょう。

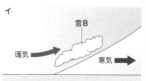

(1) 積乱雲を表しているのは，雲A，Bのどちらですか。 (**A**)
雲Bは乱層雲。

(2) 雨が長時間降るのは，ア，イどちらの前線付近ですか。 (**イ**)
アではせまい範囲に激しい雨が短時間降る。

(3) 前線通過後，風が北寄りになるのは，ア，イどちらの前線ですか。 (**ア**)
イでは，通過後，風が南寄りになる。

(4) 前線通過後，気温が上がるのは，ア，イどちらの前線ですか。 (**イ**)
アでは，通過後，気温が下がる。

48 地球上での大気の動き

→本冊 p.125

☐①日本上空にふく西から東への風のこと。 　偏西風

☐②昼間に海から陸へとふく風。 　海風

☐③夜に陸から海へとふく風。 　陸風

練習問題

1 図は，昼の陸と海のようすを表したものです。次の問いに答えましょう。

(1) 昼に気温が高くなっているのは，海上ですか，陸上ですか。
（ 陸上 ）
陸は海よりあたたまりやすい。

(2) 昼に上昇気流が発生するのは，海上ですか，陸上ですか。
（ 陸上 ）
あたたまった空気は上昇する。

(3) (2)で上昇気流が起きたところでは，気圧は高くなりますか，低くなりますか。
（ 低くなる。 ）
地表付近の空気が上昇するので気圧が低くなる。

(4) 昼にふく風の向きは，ア，イのどちらですか。
（ ア ）
気圧が低くなったところに，空気が流れこむ。

(5) 夜に上昇気流が発生するのは，海上ですか，陸上ですか。
（ 海上 ）
陸より海の温度が高くなる。

(6) 夜にふく風の向きは，ア，イのどちらですか。
（ イ ）
気圧の高い陸上から気圧の低い海上へとふく。

---

49 四季の天気の特徴

→本冊 p.127

☐①春にユーラシア大陸から移動してくる高気圧。 　移動性高気圧

☐②日本の南東にあり，夏に勢力を強める高温で湿った気団。
　小笠原気団

☐③冬にシベリア気団からふきこむ季節風の風向。
　北西

☐④日本の西側に高気圧があり，東側に低気圧がある冬の気圧配置。
　西高東低

練習問題

1 図のA〜Cは，日本付近の気団を示しています。次の問いに答えましょう。

(1) A〜Cの気団の名前をそれぞれ答えましょう。
A（ シベリア気団 ）
B（ オホーツク海気団 ）
C（ 小笠原気団 ）
気団ができる場所の名前がついている。

(2) 冷たくて乾いている気団は，A〜Cのどれですか。
（ A ）
北の気団は冷たくて，陸の気団は乾いている。

(3) 夏と冬に勢力を強める気団は，A〜Cのどれですか。それぞれ答えましょ
夏（ C ）
冬（ A ）
夏は小笠原気団，冬はシベリア気団が勢力を強める。

---

50 たくさんの雨はなぜ降るの？

→本冊 p.129

☐①初夏のころに日本列島付近にできる停滞前線。
　梅雨前線

☐②日本の南の熱帯地方で発生する低気圧。 　熱帯低気圧

☐③熱帯低気圧のうち，最大風速が17.2m/s以上のもの。
　台風

練習問題

1 下の天気図A，Bを見て，あとの問いに答えましょう。

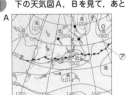 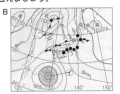

(1) 天気図Aのアの前線を何といいますか。次のア〜ウから選びましょう。
（ ウ ）
ア 寒冷前線　　イ 温暖前線　　ウ 停滞前線
オホーツク海気団と小笠原気団の勢力がつり合っている。

(2) (1)の前線付近ではどんな天気になりますか。次のア，イから選びましょう。
（ ア ）
ア くもりや雨の日が続く。　　イ 乾いた晴天の日が続く。
2つの気団とも湿った気団なので雲ができやすい。

(3) 天気図Bのイは，最大風速が17.2m/s以上で，夏から秋にかけて大雨や強い風をともなって日本付近にやってきます。何といいますか。
（ 台風 ）

まとめのテスト 4 天気とその変化

→本冊 p.130

1 (1)イ　　(2)①最高に○　　②最低に○
(3)小さい。

解説 雨の日は，雲にさえぎられて太陽の光が届きにくく，熱が逃げにくいので気温の変化が小さい。

2 (1)30g/m³　　(2)60%
(3)12g　　　　(4)8.6g

解説 (2)湿度＝$\dfrac{\text{空気中の水蒸気量}}{\text{その気温の飽和水蒸気量}}×100＝\dfrac{18}{30}×100＝60〔%〕$

(3)30−18＝12〔g〕ふくむことができる。
(4)18−9.4＝8.6〔g〕出てくる。

3 (1)あ 寒冷前線　　い 温暖前線
(2)あ　　　　(3)ア

解説 (3)寒冷前線付近には積乱雲ができ，温暖前線付近には乱層雲ができる。

4 (1)ウ　　(2)西高東低
(3)シベリア気団　　　(4)イ

解説 (1)日本の西に高気圧があり，東に低気圧がある西高東低の気圧配置は，冬の特徴的な気圧配置。